\漫　畫/

政談

せいだん

原著・荻生徂徠　翻譯・王淑儀

江戶幕府嚴禁公開的
惡魔統治術

龍一（原龍一）

波爾多樂團的吉他手。個性散漫、沒有什麼欲望，是主角阿誠的好搭檔。

士郎（堀部士郎）

波爾多樂團的鼓手。曾夢想成為政治家，後來放棄夢想，現在完全與政治沾不上邊。

拓也（小野寺拓也）

波爾多樂團的貝斯手。

SORAI

日本政治遭遇瓶頸，為突破困境，政府導入的人工智慧系統。雖接連提出嶄新政策，但它本身似乎有著不可告人的祕密。

荻生徂徠

江戶時代中期的思想家、儒學學者、文獻學者。對朱子學採取批評態度，排斥透過朱子學去解讀中國古典文獻，並直接重新解釋中國古典文獻。主要著作《政談》即為其主張的集大成。

政談

主要登場人物

阿誠（大石誠）

搖滾樂團波爾多的主唱，夢想有一天能成為頂尖的音樂人，有時也會對遲遲無法照想像前進的現實感到焦躁不安。

真理（間真理）

阿誠的女朋友，類似波爾多樂團的吉祥物，受大家喜愛。有時會為散漫沒有作為的阿誠感到心急。

小山田毅

接近阿誠等波爾多樂團的自由撰稿者，謎樣的人物。

周先生

真理工作上的主管，公司的課長。對真理傾心。

〈主要參考文獻〉荻生徂徠　《政談》　尾藤正英抄譯　講談社學術文庫

二〇五五年
東京
今天的聽眾好少喔。
沒辦法啊。
主唱 大石誠
吉他手 原龍
辛苦了。
辛苦了。
經濟這麼不景氣，除非真的很喜歡，才願意付錢聽現場演唱。

噹
噹
噹
咔嚓
哦，回來啦
間　真理
妳來啦。
嗯，來跟你抱怨一下。
這次調來的中國上司是個很囂張的傢伙！
竟然一開口就說日本是三流國家。
沒辦法啊，妳就在中國企業上班。
誰叫日本企業的薪水只有現在的一半！

就像阿誠你弟弟不也是一畢業就到海外去工作了。
嗯，新加坡。
國內的薪資低，還要支付年金、保險等等有的沒的，也難怪大家都要出國去了。
砰砰砰
又出事了？
昨天也是，聽說附近的老人家中有強盜闖入。
警察也太少了吧。
沒辦法啊，要人沒人，要錢沒錢。
這一帶也多半是空屋。

唉，想想以前的日本還曾經那麼富足。
不要說得好像個老人。
嗶
電視竟然自己開了。
接下來，總理大臣要對各位國民宣布重要訊息。
靜
他要說什麼啊？
誰知道？
我接下來要宣布的事，也許會讓各位感到十分驚訝，還請大家冷靜聽我說。

眾所皆知，我國人口不斷減少，造成重要企業的成長衰退，國家財政困難，景況一年不如一年。
這些都是因為我等政治家的不足所造成，實在愧對世人。
事到如今，已可確定憑我等之力無法扭轉局面。
因此政府做了決定，
要成為……

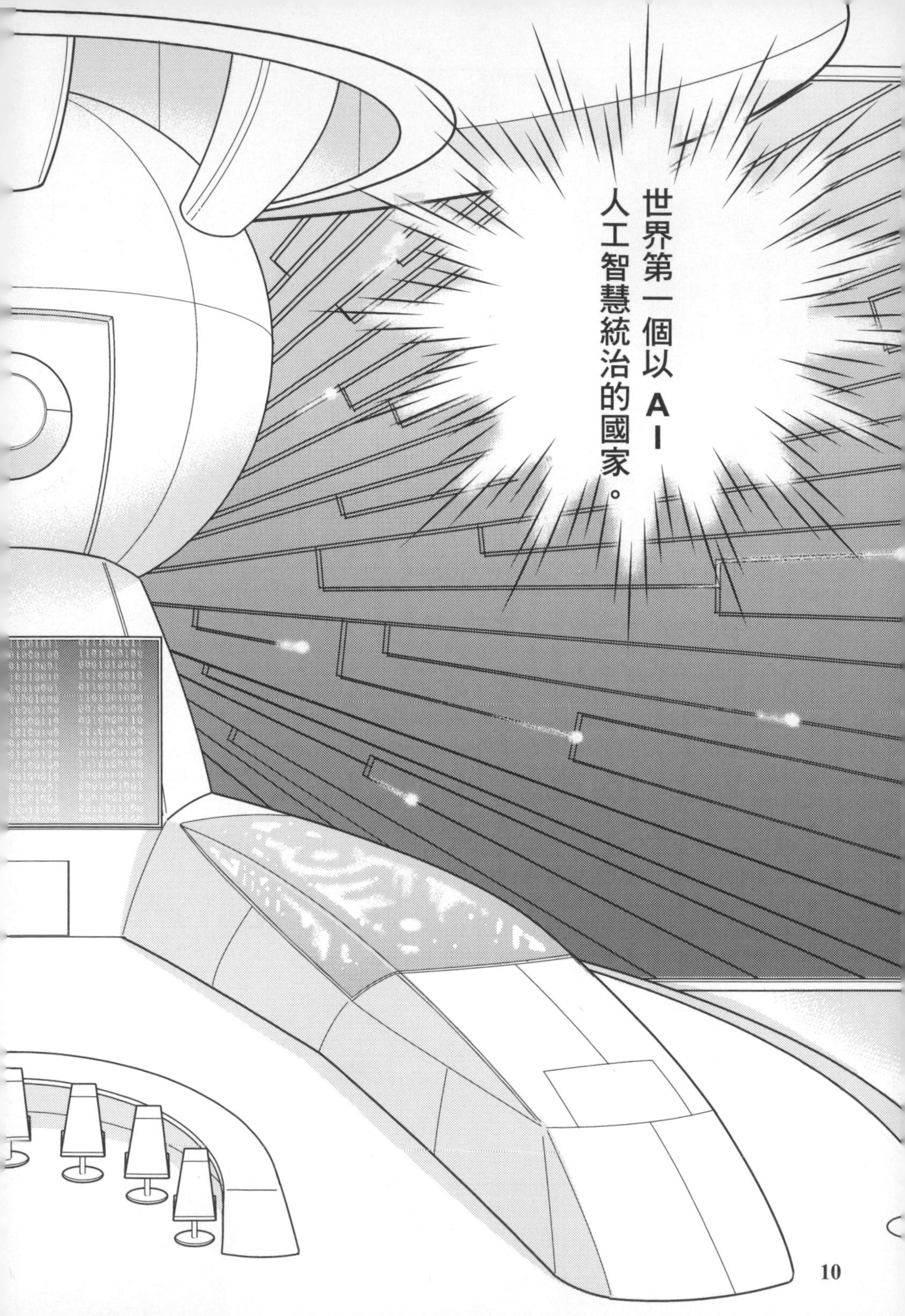
世界第一個以AI
人工智慧統治的國家。

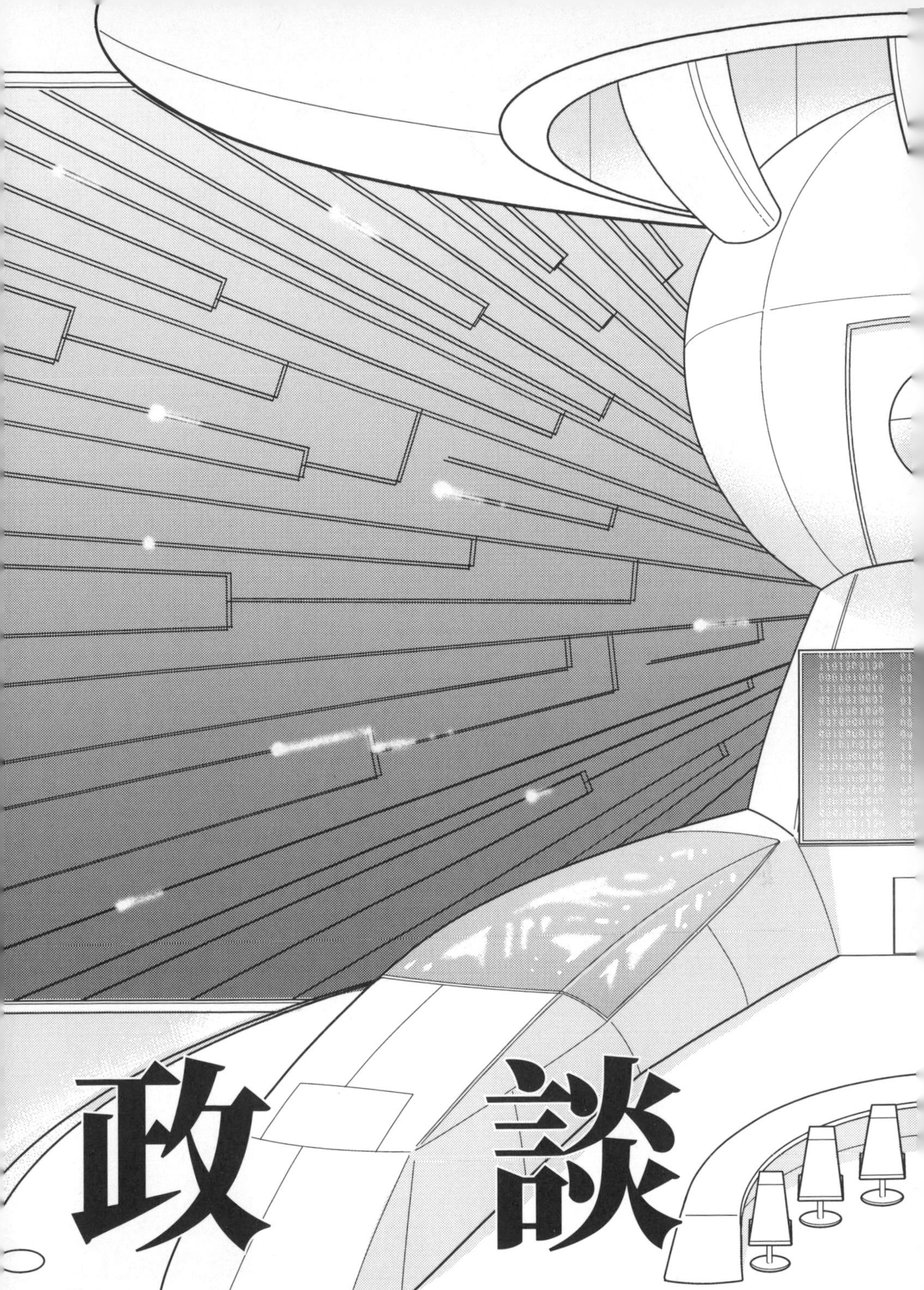
政談

謝謝光臨。
喀嚓
都沒什麼客人。
今天是那個叫「SORAI」什麼的AI，
即將舉行首次政策發表，大家都在盯著電視看吧。
啊～
真沒想到在我有生之年會遇上由電腦統治的時代啊。
別看那麼重，反正跟我們不會有什麼關係的啦。
阿誠你今天就先下班吧。
謝謝店長！
你回來啦。
妳來了喔。

剛好是SORAI要發表政策的時候呢。
嗯，這就是SORAI啊，第一次看到。
我也是。
一治國方法的根本

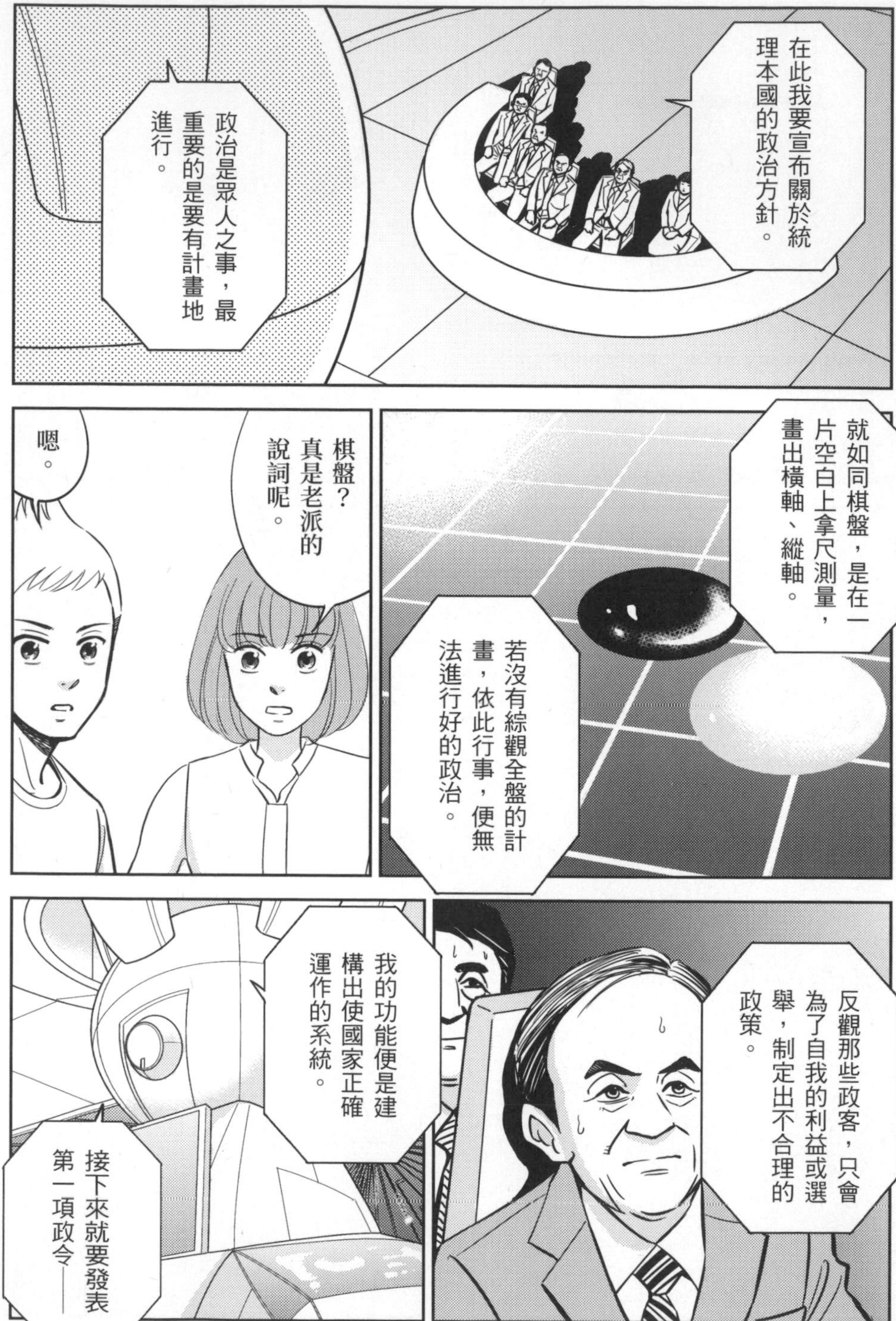
在此我要宣布關於統理本國的政治方針。
政治是眾人之事，最重要的是要有計畫地進行。
就如同棋盤，是在一片空白上拿尺測量，畫出橫軸、縱軸。
若沒有綜觀全盤的計畫，依此行事，便無法進行好的政治。
棋盤？真是老派的說詞呢。
嗯。
反觀那些政客，只會為了自我的利益或選舉，制定出不合理的政策。
我的功能便是建構出使國家正確運作的系統。
接下來就要發表第一項政令——

國民的居所將由國家選定，依公司業種分配。

咦咦！
是要插手我們居住的地方？
相信此項政令將有效提高治安並促進自治。
搞什麼！
NAVY
過去江戶的武士階級也是依職業分配，同業人員統一居住在同一個區域裡。
這下竟然搬出江戶時代！
鄰居都是同行業者，無論於公於私，彼此都能夠深入理解。
而組長也能夠掌握部下的人品個性及生活情況，能更有效管理。

此外，同一組的同事住在同一個地方，彼此往來密切，
不僅可為自治注入活力，在治安上也不必再仰賴其他人力。
今日的日本就是因為每個人隨意挑選住處，與鄰居互不相識，才會招致治安惡化。
因此，將同公司同業種的人劃分到同一區居住，就不會有不認識鄰居的情事發生。
如此一來，便有助於彼此交流暢通，
可有效提升治安與互助精神。

啊，可是這樣，討厭的主管不就會住在附近嗎？
我才不想要這樣咧！
不過，若跟美香住很近的話，晚上就算喝到很晚也不用擔心了。
這種事情根本不重要吧！
砰
我們這些打工族會怎樣呢？
阿誠……
人類都害怕變化，因此之前對於改革總是裹足不前。
不過，我會堅決執行此一政策。
對任何人來說，都不再是與己無關的事了。

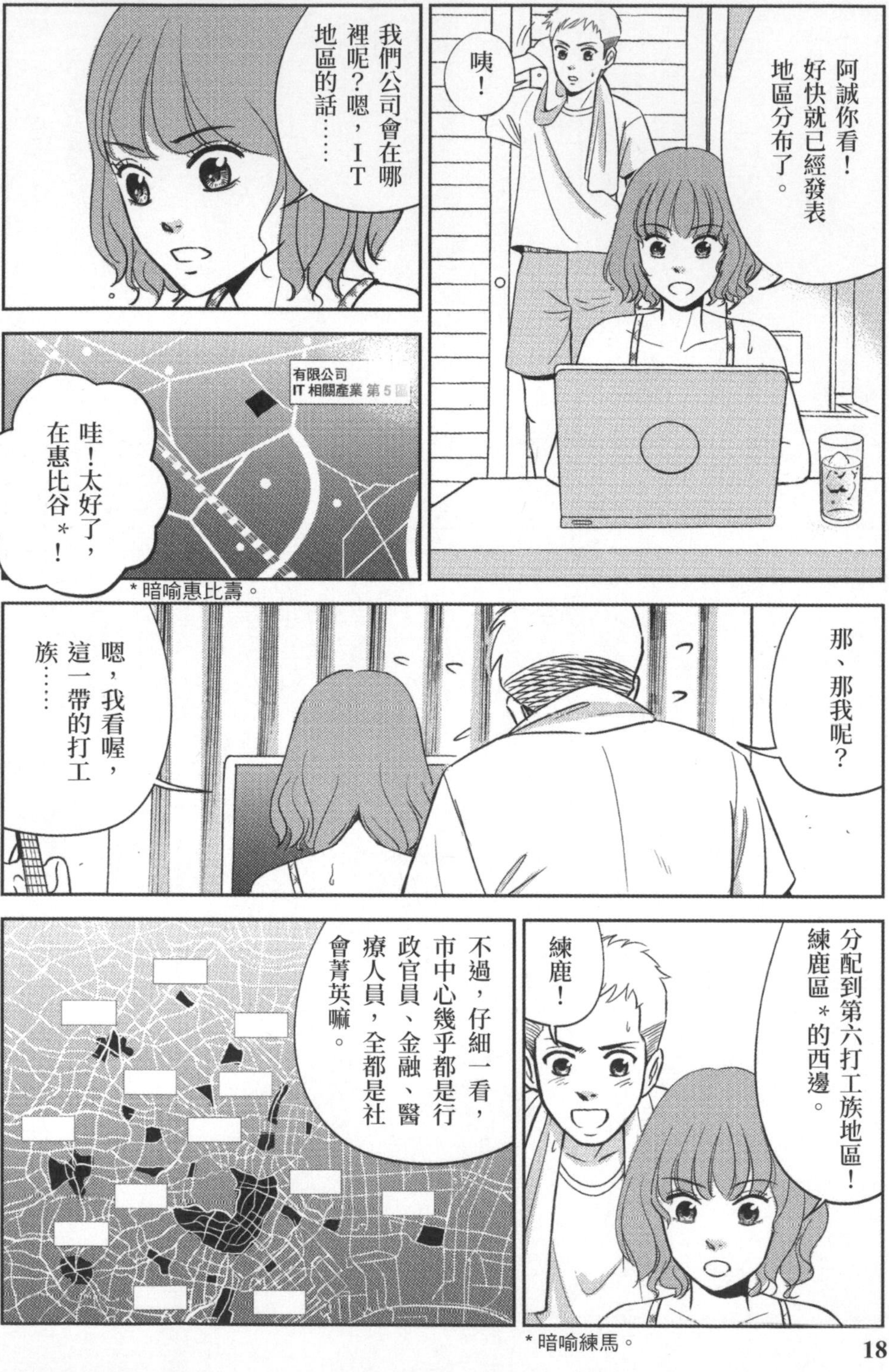
阿誠你看！好快就已經發表地區分布了。
咦！
我們公司會在哪裡呢？嗯，IT地區的話……。
有限公司
IT相關產業 第5區
哇！太好了，在惠比谷*！
那、那我呢？
嗯，我看喔，這一帶的打工族……
分配到第六打工族地區！練鹿區*的西邊。
練鹿！
不過，仔細一看，市中心幾乎都是行政官員、金融、醫療人員，全都是社會菁英嘛。

*暗喻惠比壽。

*暗喻練馬。

根本就是職業歧視。
是嘛？只是單純跟上班的地方較近而已。
而且，將來，阿誠會在這裡吧。
嗯？
目赤區*的第二藝能地區，音樂人都集中在這裡
藝能關、音樂相關
第二區
有一天，我們兩個會一起住到這裡吧。
真理……
而且，住這區的話，周圍的鄰居也全都是藝人呢！
哈哈哈
什麼嘛，原來妳的目的是這個！
抓
加油啊，阿誠。你總有一天會站上大舞台的。
嗯嗯。

*暗喻目黑。

二、取締／監督／管理
SORAI頒布政令已經過了一個月，
雖然目前仍持續進行民族大移動，但並沒有引起想像中的混亂。
沒錯，由於人口減少，空屋率高，人民的搬遷也就相對容易許多。
而且，出乎意料的，這項政策竟受到多數人歡迎呢。

我是特派記者晴美。現在位於金融相關人員居住區，讓我們來訪問一下當地居民。
我基本上是贊成這項政策的。
大型證券公司員工
男性　45 歲
之前隔壁住著什麼人都不清楚，多少會感到不安，現在這樣就能夠安心生活了。
聽說美國很久以前也制定了規範，所得相當的人才能夠交流往來，應該是一樣的道理。
然而，低所得者也有反彈。將鏡頭轉到人在打工族地區的大島記者那邊。
是的，我是目前在練鹿第六打工族地區的大島。現在馬上為您訪問當地居民。

堅決反對！
這項政令是要將我等弱勢人民強制集中在同一區，將我們遺棄。說到底除了歧視之外，什麼都不是。
可是，AI曾說過會在低所得地區重點建設派出所、福祉機構等等啊。
那當然是騙人的啊！你到這個地方來一看就知道了，不是嗎？
這裡的治安一定會比以前更糟。
嗨，搬完了嗎？
嗯嗯，這是最後一箱了。
我們也搬好了。
那就去吃喬遷麵線吧。
鼓手
堀部士郎
貝斯手
小野寺拓也

蕎麥麵
這裡嗎？
沒辦法，打工族地區裡只剩下這家店了。
蕎麥麵大的四份。
好喔。
嗶
SORAI即將發表政令。
雖然，我們依計畫順利分配、安置了國民的住居，
但政府的作為若僅止於此，恐怕會出現新的混亂，因此在此我要頒布第二項政令。

原則上
不准搬遷至其他縣市。

蛤？
連這種事都要限制？
江戶時代，想進入江戶店家工作者必須要有保證人擔保。
又是江戶時代。
之後這項制度逐漸變得鬆散，很多人偷了自家店裡的東西後便逃走。
然而這些小偷依然住在江戶的某處，隨時都有可能再犯罪。

另一方面，由於大家都想到江戶來，農村人口大量流失，造成人手不足。
現代也一樣，所有人都想往都市發展，
人口過多導致沒有效率的狀態。
因此，今後除了正在就學就業的人之外，禁止搬遷到其他縣市。
此外，上述已就學就業者，一旦畢業或離職，就得回到出生地。
好險！這項政策要是五年前施行，我們就不可能來到東京了。
這不是歧視嗎？等於變相禁止鄉下人到東京嘛！
簡直跟中國一樣。
是嗎？
是啊，中國的戶籍就有都市與鄉村之分，有些地方是不准人民搬遷戶口到都市去的。

現在是該模仿中國的時候嗎？
ボリボリ
政治若只考慮效率，果然就會變成社會主義啊……
接著發布第三項政令。
不會吧！

禁止無業

說什麼禁止，有些人就算想工作也找不到啊。
哇！
在政治上，最重要的是要消滅不勤勞的人。
今後勤勞將成為國民的義務，因此這項政令將會徹底執行。

今後國家將有責任給予無業者工作。除了學生或配偶已有工作的人之外，禁止無業。
如此一來，不只能提高國家生產力，每個人也將與社會產生聯結，還能提升國家的士氣。
請每天花三十分鐘將這裡打掃乾淨。
好的。
即使是部分因某些原故無法工作、生活需仰賴社會支援者，也會視情況讓他們從事合適的勞動。
砰！
沒錯！年輕人就是要多工作，別只會在那邊消耗糧食！
此外，江戶時代曾出現過一些因為做生意賺了錢，就不再工作、整天遊手好閒的人。
雖然不會妨礙到其他人，但是從匡正社會風俗的角度來看，總是會有不良的影響。

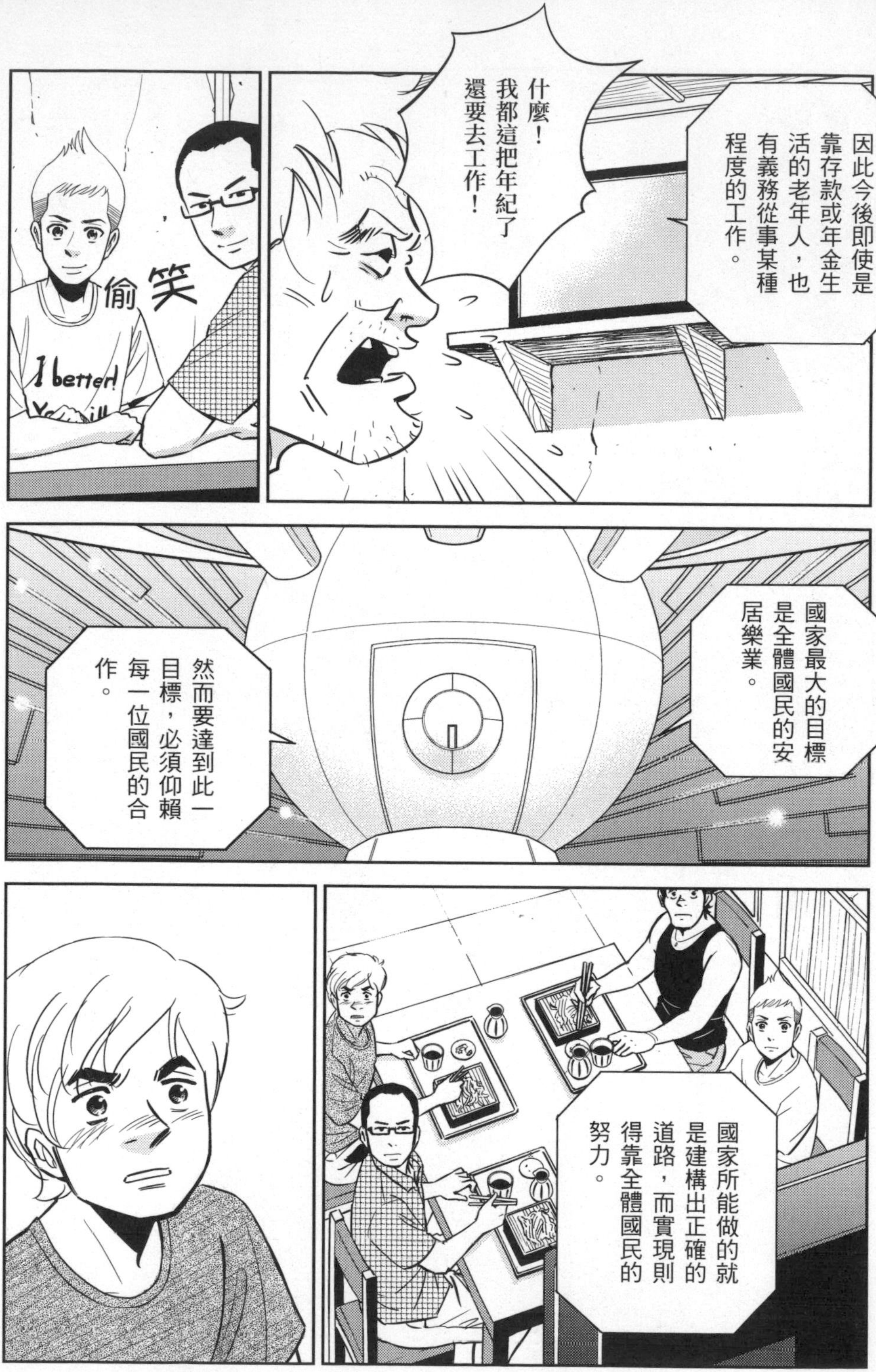
因此今後即使是靠存款或年金生活的老年人，也有義務從事某種程度的工作。
什麼！我都這把年紀了還要去工作！
偷笑
I better!
國家最大的目標是全體國民的安居樂業。
然而要達到此一目標，必須仰賴每一位國民的合作。
國家所能做的就是建構出正確的道路，而實現則得靠全體國民的努力。

先前發布禁止無業的政令後，以高齡者為主的群眾之中引發了猛烈的反對聲浪。
一個月過去了，現在的情況又如何呢？
這個嘛，一開始當然是很令人氣憤啊，說什麼要我們這些老人出來工作！
腳踏車停車場管理員
S 先生（76 歲）
不過，做了之後還滿開心的。
今天真早呢。
有考試啊。
可以跟年輕人有些話聊。
之前一整天關在家裡，仔細想想，那是被社會孤立了啊。
不過，竟然是國家強制我們得工作，這點我還是覺得很奇怪！

三 世代承襲的譜代者
話說，IT地區還真時髦。
畢竟是國家主力的產業嘛。
搬家之後妳幾乎都不來我那裡了。
因為打工族地區感覺好恐怖啊。
才不會咧。只不過平日白天人比較多而已。

嗨，真理！
啊，周課長
男朋友？
嗯……
住哪裡啊？
咦？
就…練鹿……
哦，不是地名，我說的是地區
我先走了。
阿誠！

課長，您這樣說也太過分了吧！
哈哈哈哈哈
可是真理妳自己不也說妳男朋友對將來一點都不緊張嗎？
我那樣刺激他，應該能讓他多少明白自己的立場吧？
話是這麼說沒錯啦。
但有可能讓他自暴自棄也說不定呢。
那可就麻煩了！
真理啊。
是。
這種男朋友，不要也罷吧？

啊～果然還是這裡舒服，IT地區真是令人焦躁，糟透了。
沒錯，雖然我們抱怨了一堆，
但立場相同的人住在附近還真不錯。
對呀，就不用打腫臉充胖子。
SORAI的政策說不定是意外的好呢。
哈哈哈哈
話說回來，
拓也呢？
他說不會過來。那傢伙最近要自閉呢。
……

嗶
啊，SORAI又要頒布下一道政令了。
我的三項政令讓國內治安有了大幅度的改善。
此外，也幾乎提供所有失業者工作。
在此，要進入下一個階段。
第四項政令是……

禁止約聘員工以及打工族的存在。

出現了！
終於要對我們出手了啊啊啊啊！

江戶時代的武士家中會有所謂的「譜代者」家僕。
碰碰！！
又是江戶，夠了！
他們從祖先開始就代代為家僕，在主人家出生、長大，結婚之後，也一輩子為主人家服務。
因此對於主人家的家風非常清楚，也因為是在主人的恩惠下長大，十分忠誠。
主人也因為這些家僕會一輩子追隨自己，對他們相當照顧，同時用心教育。
口入屋
然而養育譜代者相當花費精力與時間，隨著時代推移，可以隨意雇用的出替奉公人（短期員工）漸漸變多。

出替奉公人每年簽約一次，大幅減輕雇用者的負擔，且不論是衣服或其他福利都由出替奉公人自己負擔，雇方再也不需要費神照顧。
儘管對雙方來說都輕鬆，但出替奉公人的素質也因此下降，雇主與出替奉公人之間情感淡薄，無法奢求良好互動。
現代企業也有同樣的情形。
約聘員工
正職員工
為了削減風險與成本，公司大量雇用約聘員工或計時工讀生，如此一來便無法培養人才，公司內部也因而分裂。
是以，今後除了學生或配偶有工作者之外，
原則上禁止約聘員工、打工族的存在。

此外，約聘員工、打工族若無法順利找到工作，將視同失業者，需從事國家分發的工作。
意思是我們會變成國家的奴隸嗎？
剛才是誰說SORAI的政策說不定還不錯的？
ホットスナック
你被淘汰了。
咦！
因為決定用他們兩人擔任正職。
怎麼會這樣？明明我在這間店待最久！
誰叫阿誠你的工作態度那麼差。
……

我被開除了。
我也是。
我也是。
不過，這個打工族地區好像就會直接變成準公務員區了。
啊啊，聽說好像不用搬家。
這麼說來，就算不知道會被分發到什麼工作，但也許和打工沒有太大差別。
沒錯啊，反正原本的工作我也不是特別喜歡。
更重要的是，將來我們要成為音樂人！現在的工作是什麼根本無所謂啊。
對、對！

我們是波爾多樂團！
才不會輸給那台電腦呢！
嗯！
抱歉，我要回去長崎。
咦？
你怎麼這麼說？
不是規定不能搬到其他縣市去嗎？
但可以回到出生地啊，特別是從都市返鄉。
拓也，這是為什麼？
先前SORAI不是說了嗎？

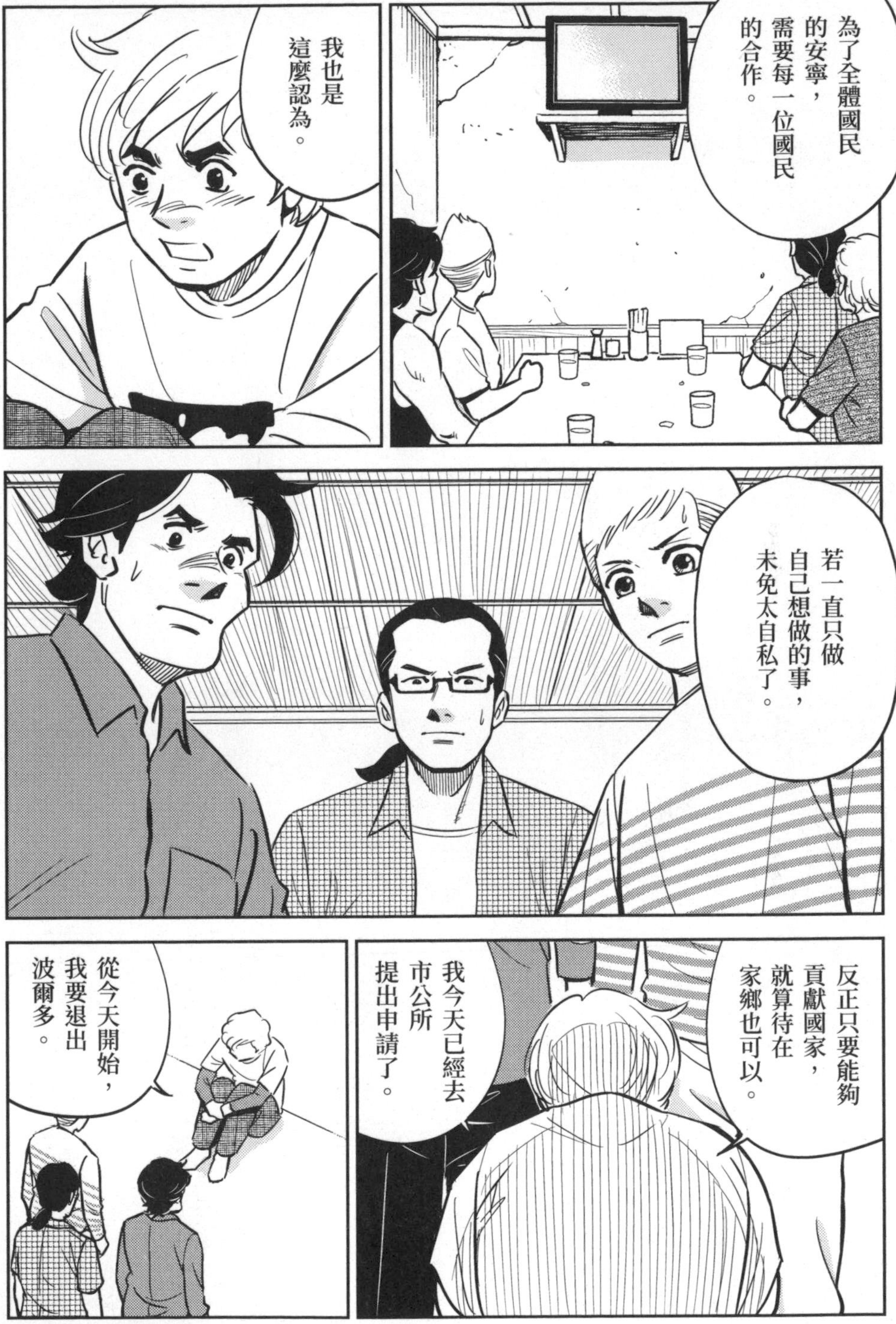
為了全體國民的安寧，需要每一位國民的合作。
我也是這麼認為。
若一直只做自己想做的事，未免太自私了。
反正只要能夠貢獻國家，就算待在家鄉也可以。
我今天已經去市公所提出申請了。
從今天開始，我要退出波爾多。

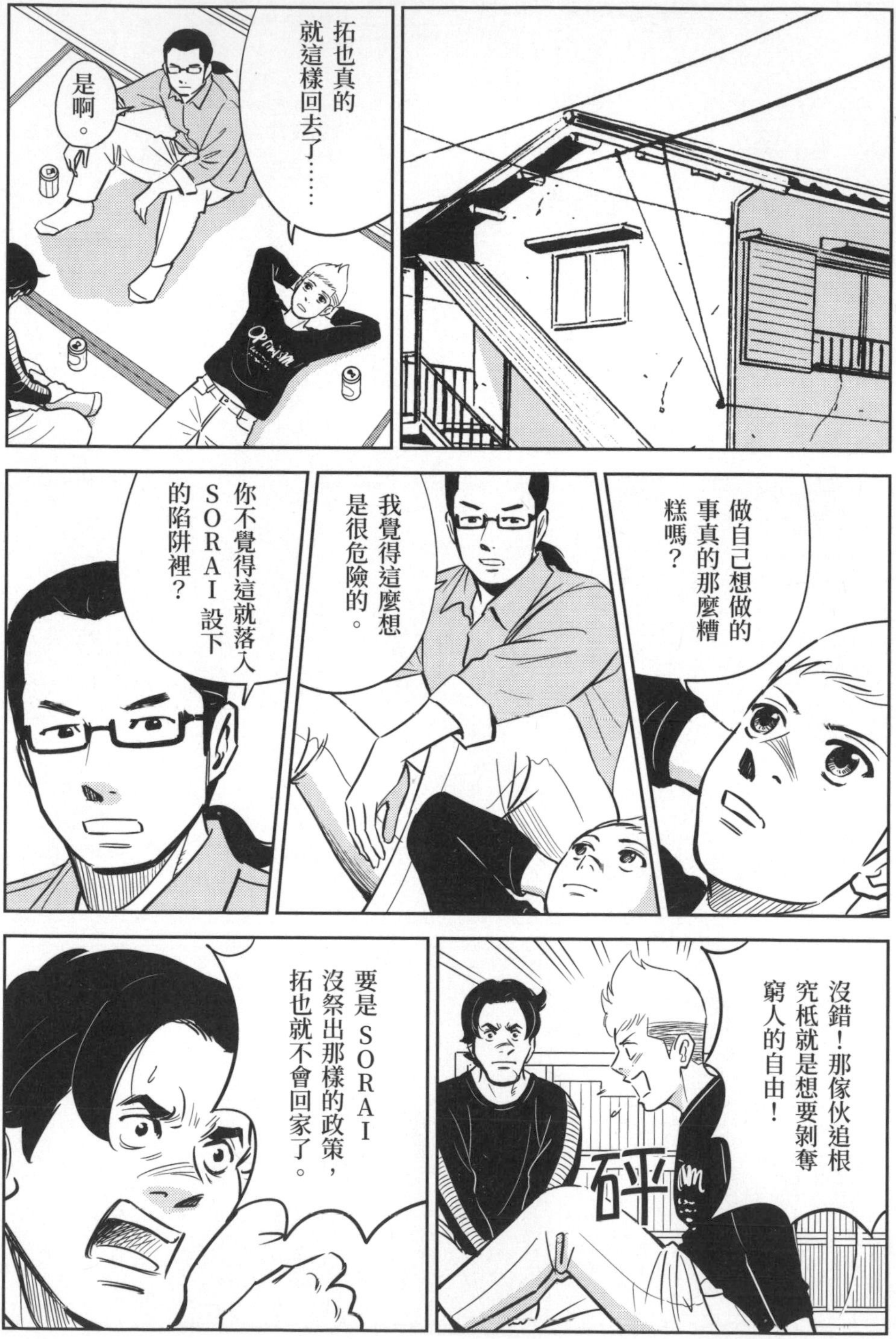
拓也真的就這樣回去了……
是啊。
做自己想做的事真的那麼糟糕嗎？
我覺得這麼想是很危險的。
你不覺得這就落入SORAI設下的陷阱裡？
沒錯！那傢伙追根究柢就是想要剝奪窮人的自由！
砰
要是SORAI沒祭出那樣的政策，拓也就不會回家了。

都是那個傢伙害的！
那個傢伙要剝奪我們的夢想！
嗶
這次SORAI將提供國民機會，與之直接對話。
想對SORAI提出疑問、抗議的人，可以來到我們電視台直接與它面對面。
有興趣者……
就是這個！

接著出場的，是目標成為職業樂團歌手的三位朋友。
拍手
拍手
拍手
拍手
拍手
好的，請問你們想對SORAI說什麼呢？
你的政策根本就無視每個人的不同。
沒錯沒錯！
在我們這些打工族之中，
有些人確實渾渾噩噩、過一天是一天，但也有像我們這樣，為了追求夢想而努力的人。
對呀！對！

你一竿子打翻一船人，要我們住到那一區，又要我們放棄打工族身分。
你這個機器人根本不懂，
都是這項政策，害我們失去一位夥伴。
對人類來說擁有夢想是多麼重要的事！
不讓人擁有夢想，那活在這世界上還有什麼意義？
拜託你，不要剝奪我們的夢想！

為了避免誤解，我想先說的是……
我並沒有說你們不可以朝著音樂人之路前進。
只是希望每個人能夠盡一個國民應盡的義務，從事與你的年齡、體力相應的勞動。
只要盡了義務之後，想要唱歌、想要追求夢想，那都是你們的自由。
況且，當你們陳述不讓你們繼續打工、就不能追求夢想的當下，
反倒讓人懷疑你們是否真正覺悟、真心想成為專業音樂人。

若真的希望實踐理想，無論眼前有什麼阻礙，都應該去克服，不是嗎？
好，下一位。

四 改變一味追求效率的習性

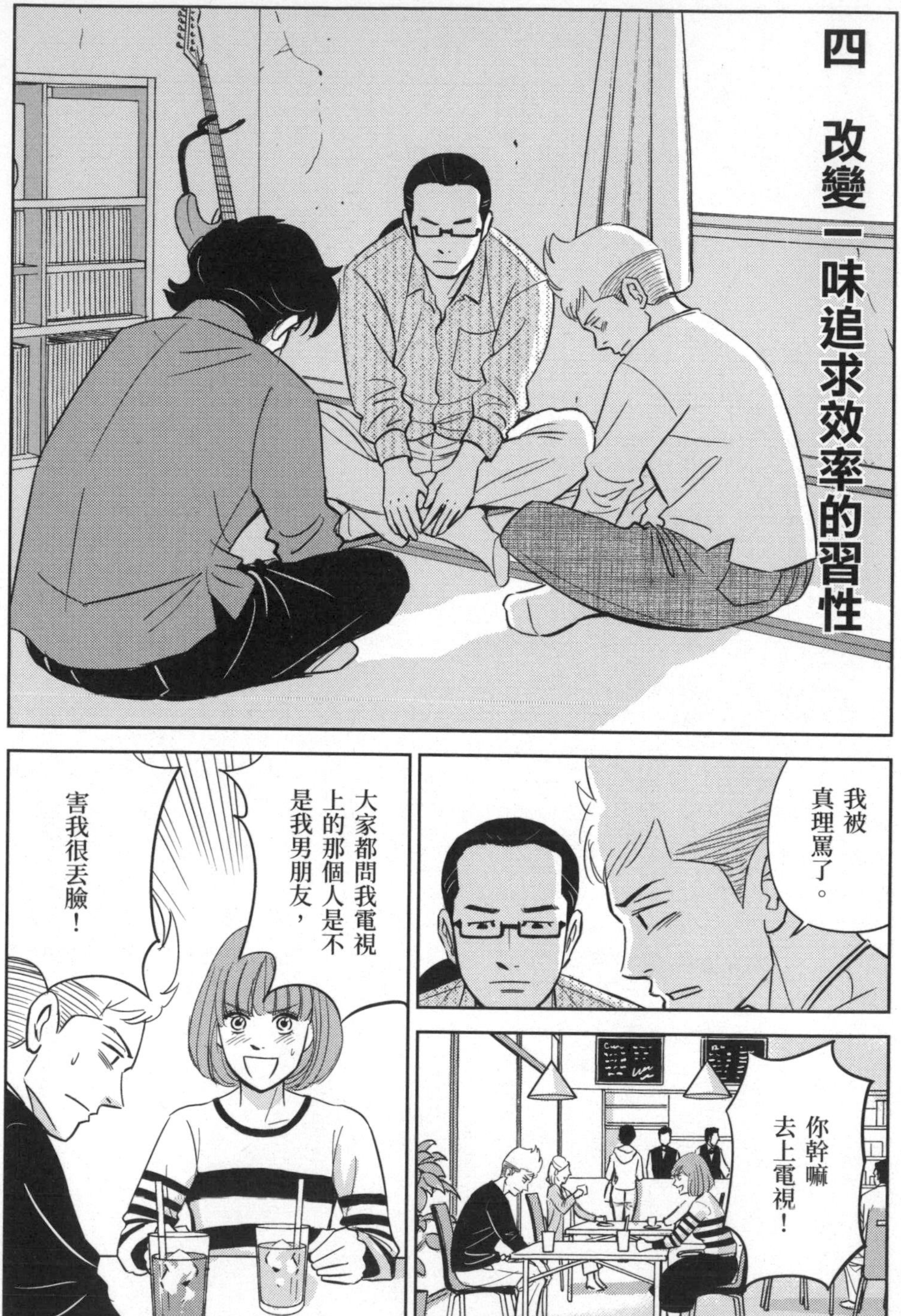
我被真理罵了。
你幹嘛去上電視！
大家都問我電視上的那個人是不是我男朋友，
害我很丟臉！

自己不成功就怪到ＡＩ頭上，
結果上電視被公開教訓，丟臉丟到家了。
有時間的話，何不好好練唱？
她說得對啊。
嗯，沒錯。
我們一直被打臉。
話說回來，阿誠你的工作分發下來了嗎？
啊？
對耶，聽說今天發表的政令將和這個有關。
ピッ

從前木匠、手工藝職人的技術都是代代相傳，不惜付出一切，做出好的成品。
蛤？該不會要我去做木匠！
直到江戶中期，世間漸漸開始追求速度，無論做什麼，都只求快速就好。
結果就是偷工減料。即使如此，蓋房子快又便宜的木匠仍然受到歡迎。
江戶城下的工程越來越粗糙，導致人民巨大的損失。
在器物的製作上也是如此。
從前飛驒地區的木匠自行去鋸木頭、刨成木材。剛刨下來的木材得經過確實乾燥才能使用，此時木匠就先去做其他工作，
待木材可用時才又回頭將它削出適當的形狀，再次等待木材乾燥期間，又去做別的工作，直到木材就緒才拿來建造房子。

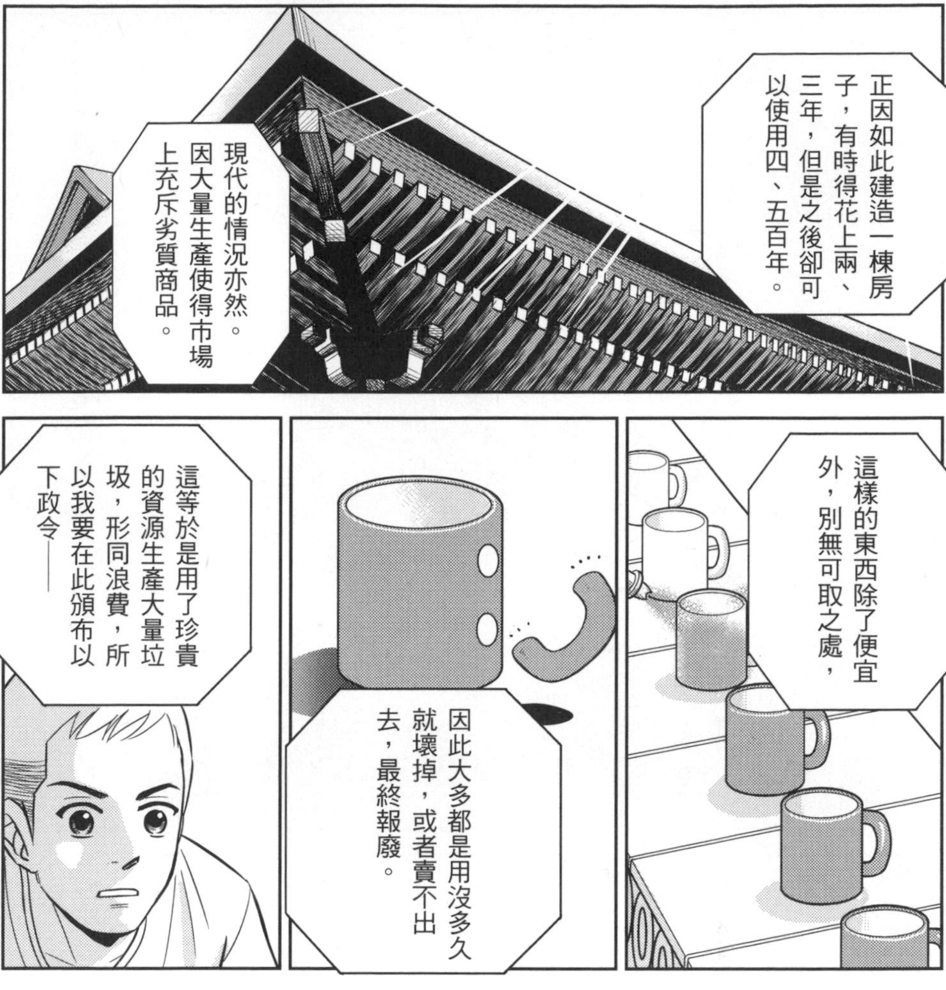
正因如此建造一棟房子，有時得花上兩、三年，但是之後卻可以使用四、五百年。
現代的情況亦然。因大量生產使得市場上充斥劣質商品。
這樣的東西除了便宜外，別無可取之處，
因此大多都是用沒多久就壞掉，或者賣不出去，最終報廢。
這等於是用了珍貴的資源生產大量垃圾，形同浪費，所以我要在此頒布以下政令——

所有商品都需要制定嚴格的標準，禁止製造、販售粗劣的商品。

赤穗製造
拖鞋、鞋子
生產、製造
你好。
嗯？
我是品質監督局的大石誠。
品質監督局？那是什麼？
是這樣的，日前我們抽驗了貴社的樣品，來告知檢查結果。
無論材質、品質、耐久度全都是Ｄ級
也就是最糟的等級。
什麼！

什麼D級！現在是嫌我的商品很爛嗎？
好痛痛痛痛！
我們家的商品也許品質並不是很好，
但也賣得很便宜啊！
所以上頭這次才頒布政令禁止啊。
總之這款拖鞋是無法販售的。
不能賣？
是的，不能賣。
你是叫我去死嗎？
我沒說！
做好的東西不能賣，豈不是等於叫我去死？

你這傢伙——還敢說自己是有血有淚的人嗎？
推
不是我，是電腦說的！
你這傢伙真悲哀啊，竟成了機器的打手！
呃啊！
有意見的話去跟電腦說……
啊！
嗯？
有辦法了！大叔你就去罵那台電腦吧！
NHA

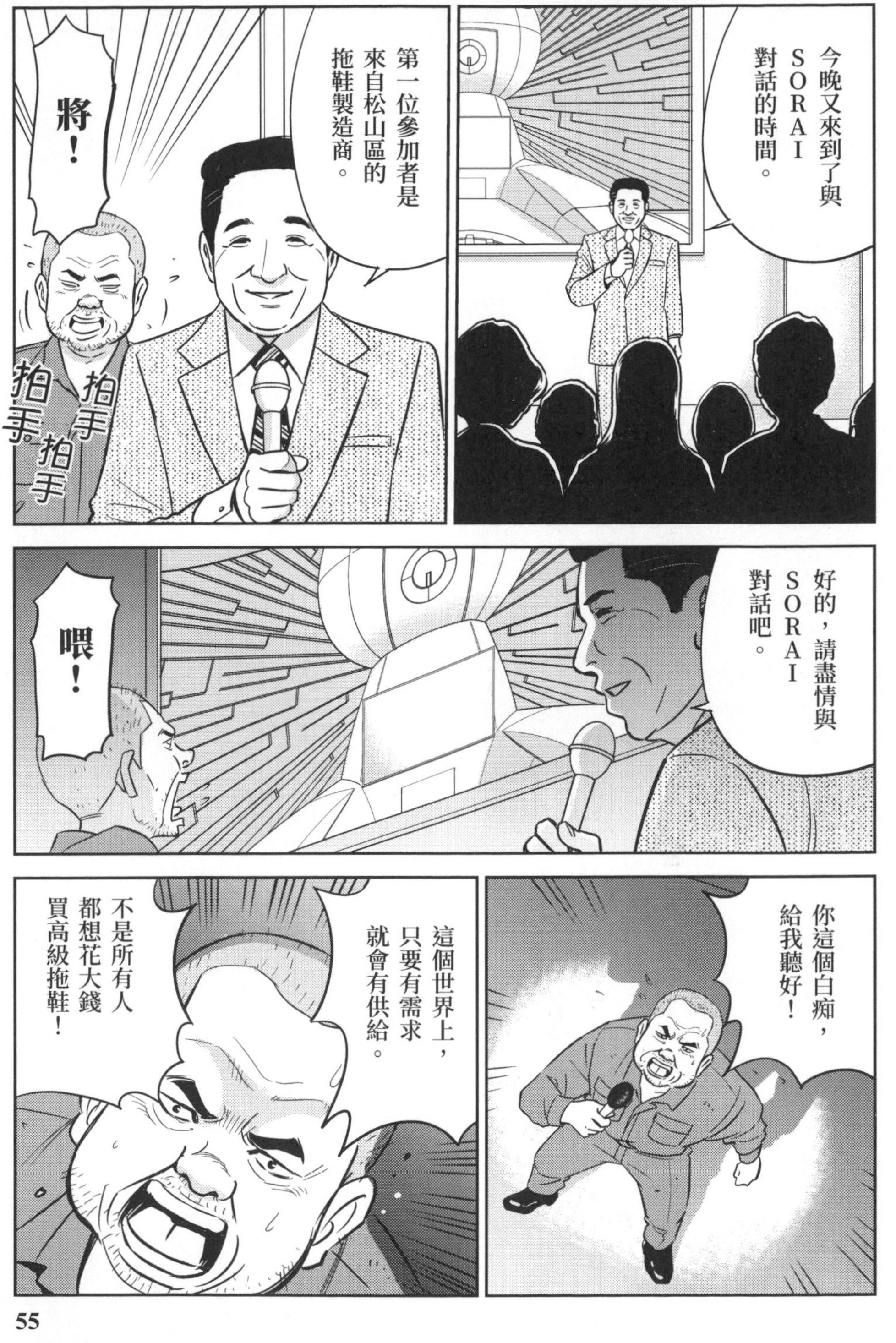
今晚又來到了與SORAI對話的時間。
第一位參加者是來自松山區的拖鞋製造商。
將！
拍手 拍手 拍手 拍手
好的，請盡情與SORAI對話吧。
喂！
你這個白痴，給我聽好！
這個世界上，只要有需求就會有供給。
不是所有人都想花大錢買高級拖鞋！

拖鞋不是什麼非穿不可的東西，越便宜越好。
就是有很多人會這麼認為！
不要什麼都只照你自己的情況去決定！
……
你說的沒錯，的確有這樣的需求，也有不少人對我的政令不滿。
你看吧！
不過，如果這樣的需求是錯誤的，我就必須矯正大家。
什麼？

我認為建構出能夠長遠維持安定的社會，比什麼都重要。
人很容易迷失在眼前的利弊之中，比方說遇到便宜的東西，不加思考想就買下。
這個好便宜喔，就先買了吧。
特賣
但結果卻可能是根本就不喜歡這東西或者用沒多久就壞了，最後大多只能丟掉。
我果然不喜歡。
啊，竟然破了。
假如東西賣得貴卻能用得久，消費者便會在仔細考慮之後才買下。
在現在這個資源已逐漸減少的時代，東西應該要能經年累月且被有效使用才對。
再說……

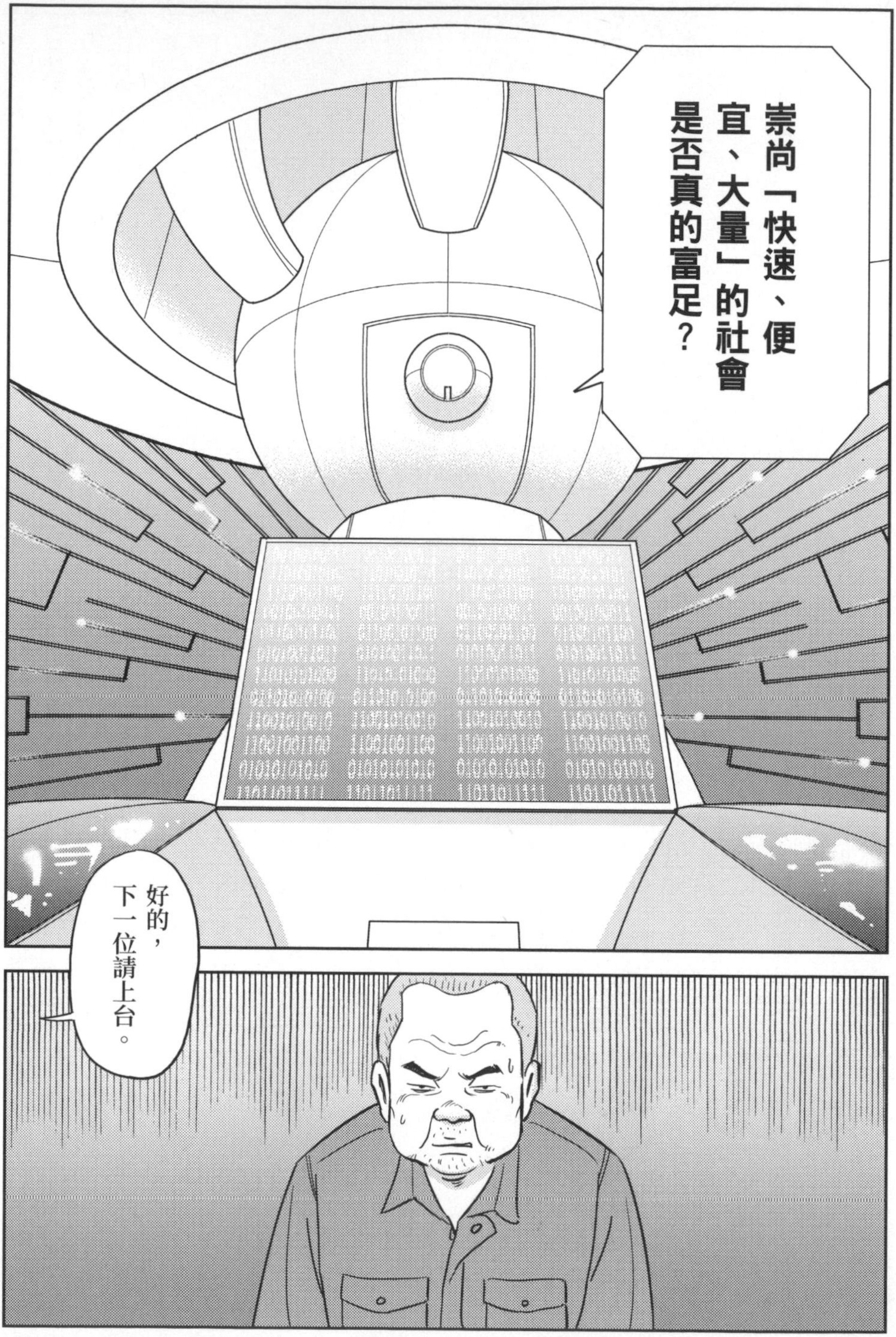
崇尚「快速、便宜、大量」的社會是否真的富足？
好的，下一位請上台。

因為這次的政令，許多低價商品從市面上消失，
但也引發了前所未有的大規模抗議活動。
我們連線到國會前的大島先生。
是的，我是大島。
在我後面是為反對SORAI政策而走上街頭抗議的民眾。
嘩
嘩
嘩
SORAI是弱者之敵。
反對收入歧視！反對AI統治
人數好多喔。
如果是真實的人物，或許更能安定人心，但現在畢竟是機器。
SORAI是否能夠聽見他們的訴求呢？

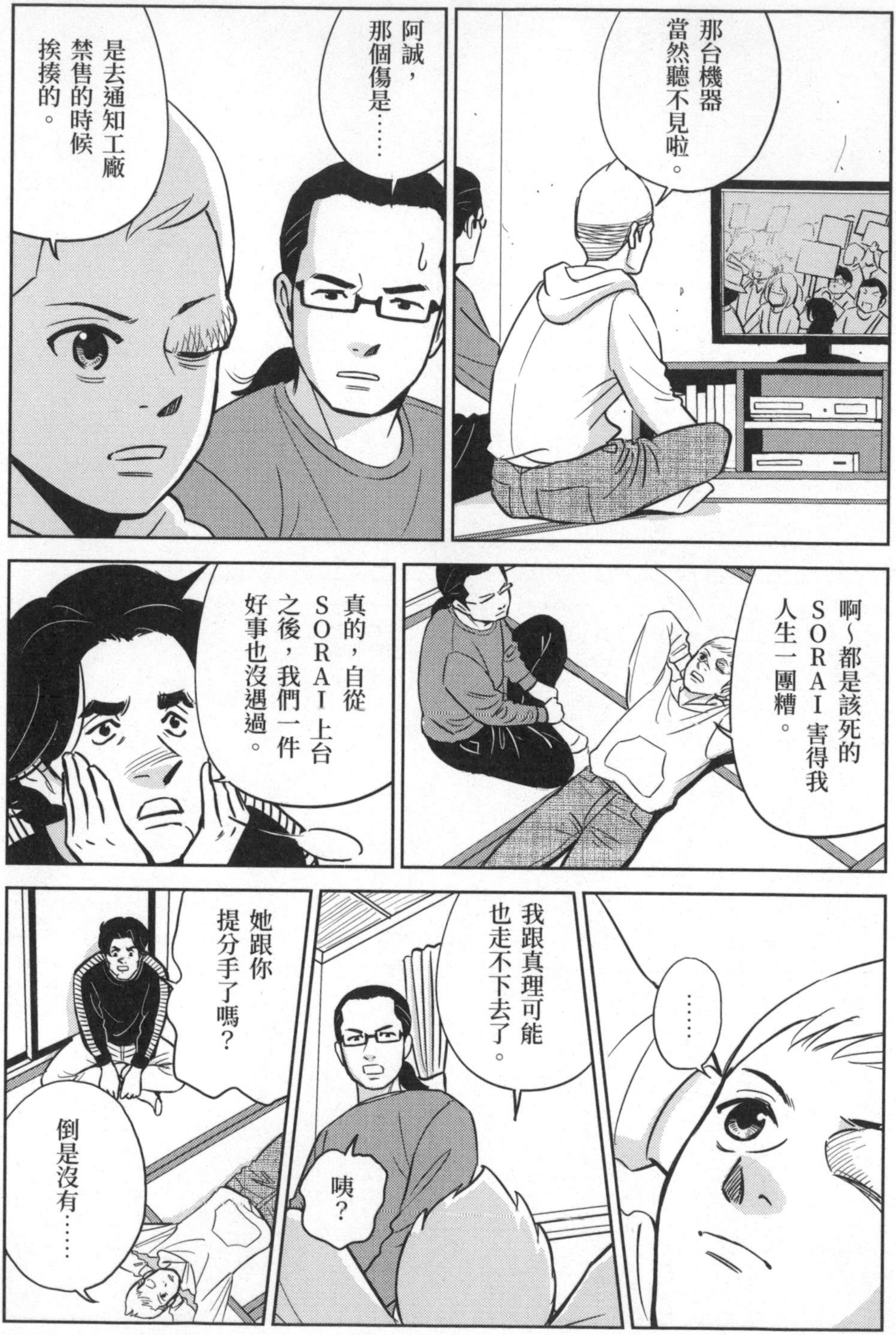
那台機器當然聽不見啦。
阿誠，那個傷是……
是去通知工廠禁售的時候挨揍的。
啊～都是該死的SORAI害得我人生一團糟。
真的，自從SORAI上台之後，我們一件好事也沒遇過。
……
我跟真理可能也走不下去了。
咦？
她跟你提分手了嗎？
倒是沒有……

不過最近就算打給她也不太接，她也不打給我。
而且我感覺得到她身邊好像有其他男人了。
看來不太妙啊。
不過，從IT地區的真理的角度來看，我們的確很不爭氣啊。
……
不過，收入的差別確實變得顯而易見，
但你和真理之間本來就有差距存在。
真理仍然願意跟你交往，表示那並不是問題所在。

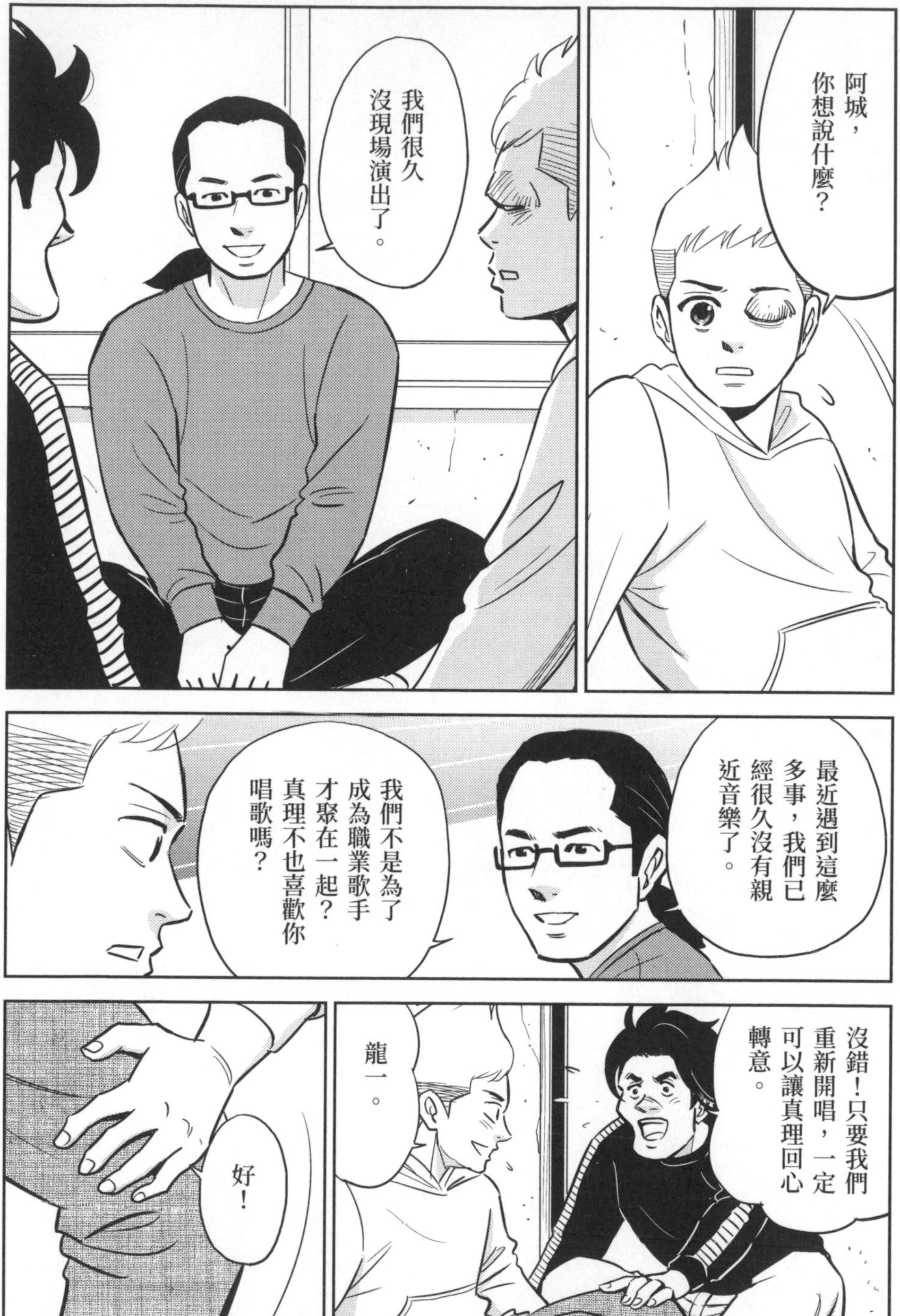
阿城，你想說什麼？
我們很久沒現場演出了。
最近遇到這麼多事，我們已經很久沒有親近音樂了。
我們不是為了成為職業歌手才聚在一起？真理不也喜歡你唱歌嗎？
沒錯！只要我們重新開唱，一定可以讓真理回心轉意。
龍一。
好！

來吧！久違的波爾多現場演唱會！
哦哦！

嗯，只是練唱跟演唱會場地、租借器材都需要錢……
果然還是一筆開銷。
可以選擇較小的演出場地或是找其他團共同演出……
不行啊，這樣一來就和之前沒兩樣，
沒有創新，恐怕吸引不了人，陷入惡性循環。
嗯，我也這麼覺得。
可是，要去哪裡生錢呢？
呵呵呵，龍一，你是不是忘了什麼啊？
嗯？
我們可是準公務人員，
可以去跟銀行貸款啊！

對耶，就這麼決定！
三人都去貸款的話，應該辦得成。
我們就是要有覺悟啊！
嗯！
好，來寫新歌吧！

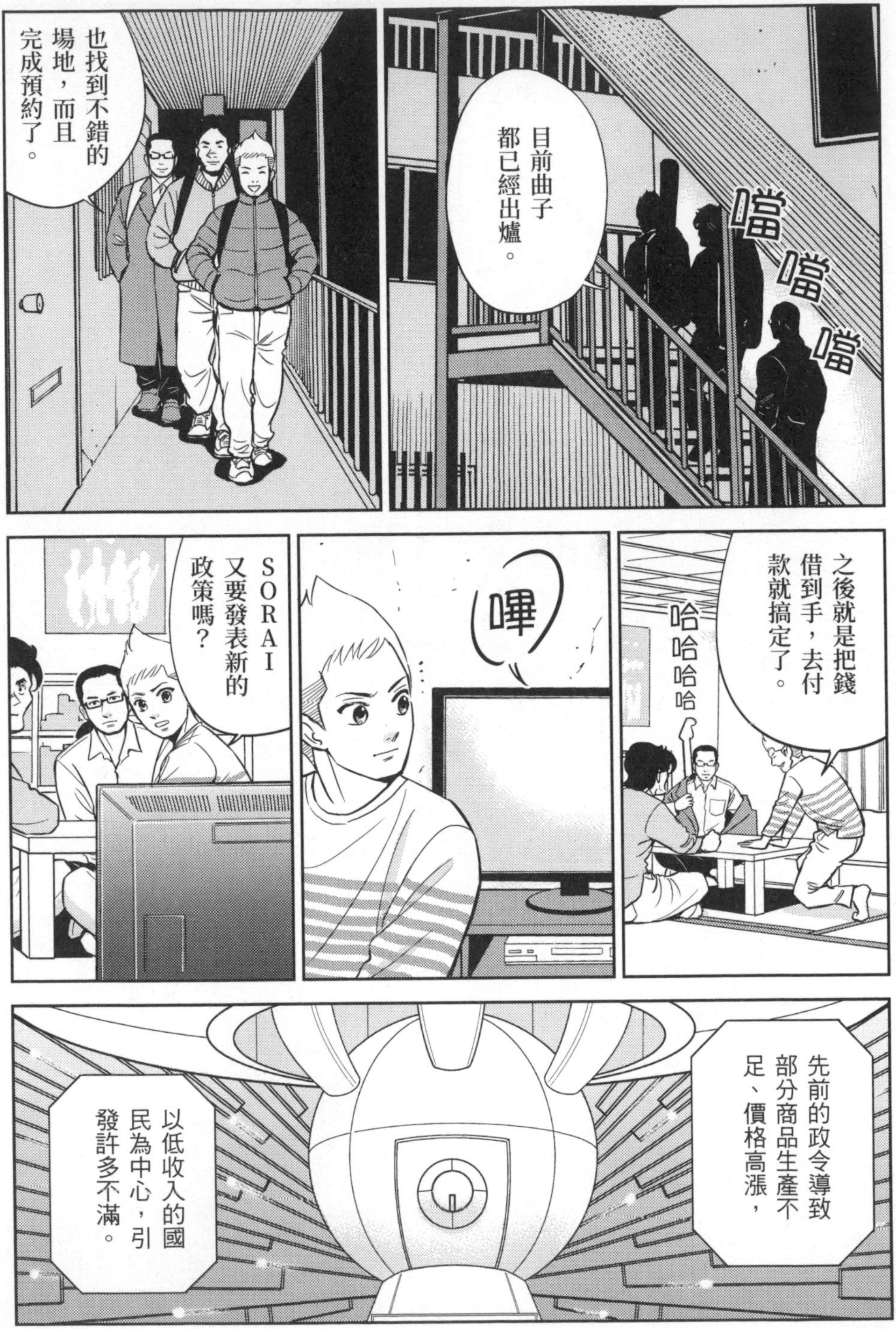
目前曲子都已經出爐。
噹噹噹
也找到不錯的場地，而且完成預約了。
之後就是把錢借到手，去付款就搞定了。
哈哈哈哈哈
嗶
SORAI又要發表新的政策嗎？
先前的政令導致部分商品生產不足、價格高漲，
以低收入的國民為中心，引發許多不滿。

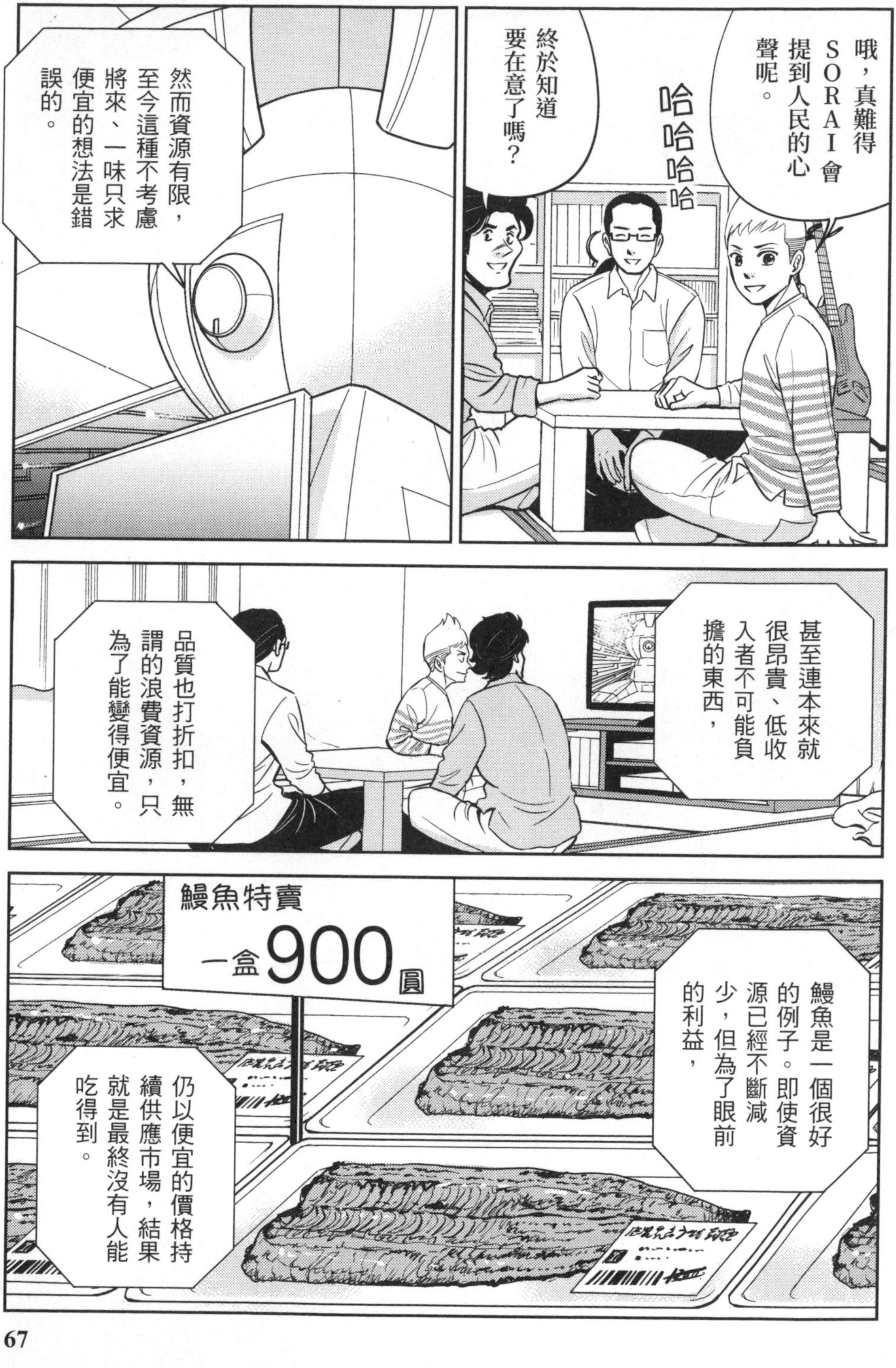
哦，真難得SORAI會提到人民的心聲呢。
哈哈哈哈
終於知道要在意了嗎？
然而資源有限，至今這種不考慮將來、一味只求便宜的想法是錯誤的。
甚至連本來就很昂貴、低收入者不可能負擔的東西，
品質也打折扣，無謂的浪費資源，只為了能變得便宜。
鰻魚特賣
一盒900圓
鰻魚是一個很好的例子。即使資源已經不斷減少，但為了眼前的利益，
仍以便宜的價格持續供應市場，結果就是最終沒有人能吃得到。

不對等的消費只會招致資源枯竭與品質低落。
貧窮者原本就該量入為出。
哇，竟然說這種話。
這下真的會引起暴動。
為了支持此一方針，將發表下一項政令。

禁止借貸或類似情形的發生。

嘩
嘩
AI 政治
推翻SORAI
SORAI是人類之敵！
AI反対
嘩
AI反対
嘩
堅決反對AI統治！

嘩
嘩
嘩
這次真的引起好大的反應。再這樣下去，恐怕就要演變成革命了。
我們得跟SORAI談談。
不撤回政令真的好嗎？
別擔心，管仲曾說過「衣食足而知榮辱」，
人只要衣食豐足，就會乖乖聽話了。
只要時間一久，這些騷動自然會散去。
果真如SORAI所言，抗議活動很快就平靜下來。
ストップ AI政
No!! AI政

*管仲＝中國春秋時代的政治家。

日本人確實有點過度消費了。
藉著這個機會，降低物欲，不也很好嗎？
五十歲世代　男性　教師
沒辦法使用現金卡預借現金一開始真的非常不方便，
但後來發現每個月的支出因此減少，還被嚇到了呢。
三十歲世代　女性　家庭主婦
演唱會還是無法舉辦吧？
都是SORAI害我們不能貸款，就辦不成啦。
真理，妳也來幫忙填寫吧。
那是什麼？

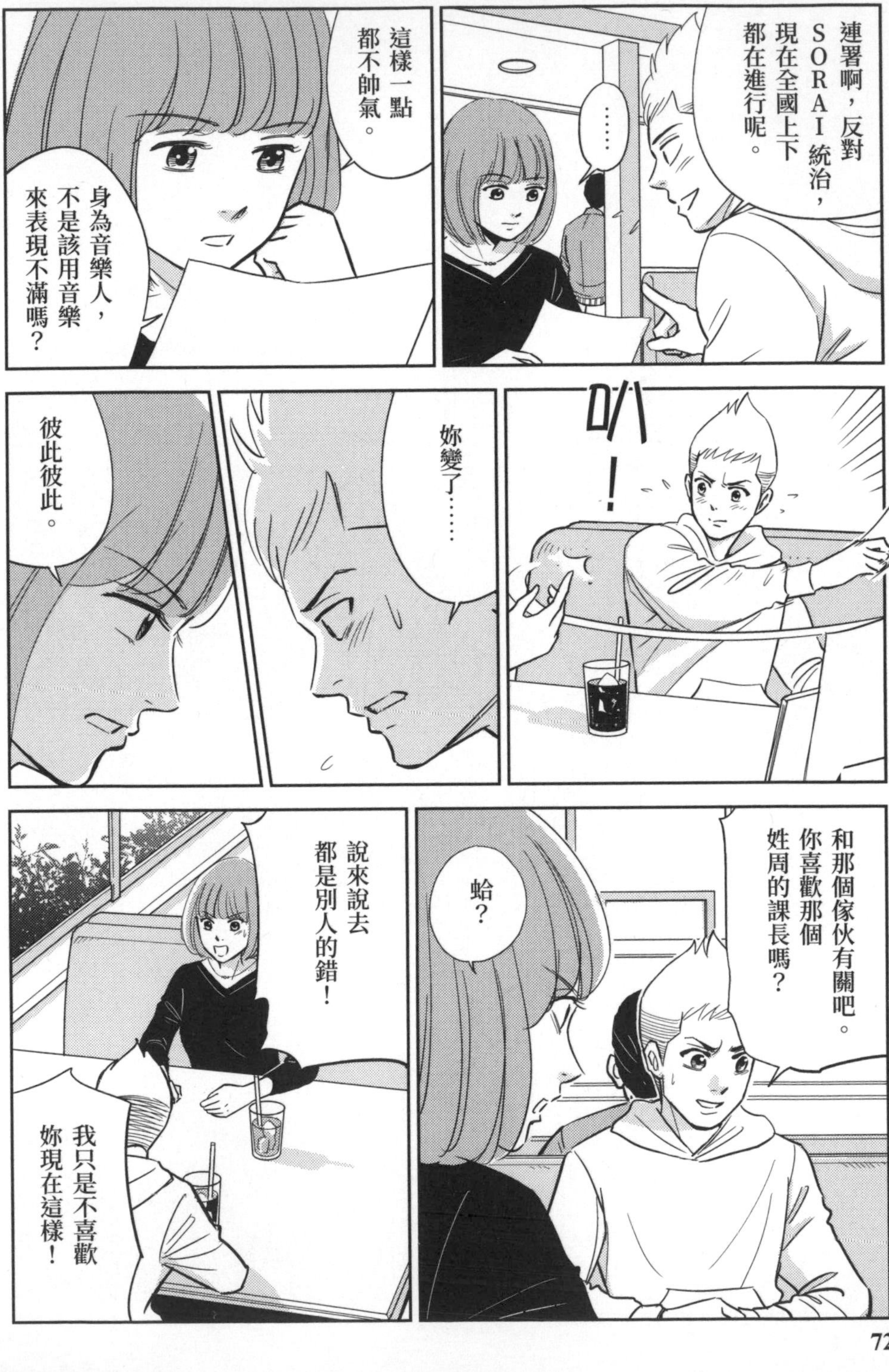
連署啊，反對SORAI統治，現在全國上下都在進行呢。
……
這樣一點都不帥氣。
身為音樂人，不是該用音樂來表現不滿嗎？
叭！
妳變了……
彼此彼此。
和那個傢伙有關吧。你喜歡那個姓周的課長嗎？
蛤？
說來說去都是別人的錯！
我只是不喜歡妳現在這樣！

不要只會在那邊抱怨，為何不能用盡心力好好努力一下？
我有啊，所以才想要開演唱會！
偏偏又被SORAI害得開不成……
……
我們再這樣下去是沒有未來的。
咦！
等等，真理，只是吵個架而已吧？
再見。

五 荻生徂徠
枝豆
玉子焼
ナッツ
もつ煮
ゲソ
じゃが明太
コロッケ
おしんこ
ポテトサラダ
もろキュー
冷やしトマト
かしら 100
なんこつ 100
レバー 100
かわ 100
羽先 150
くね 150
媽的，我被甩了啦！
那女人說什麼我們沒有未來～
咚

不過，真的很可惜啊。
真理人真的很不錯。
全都是那該死的SORAI把我害成這樣！
SORAI上台之後，一切都走調了！
哈哈哈哈
拓也會返鄉也是那傢伙害的。
再這樣下去，人類都會變成那傢伙的奴隸。
咚
那傢伙是人類的大敵！
沒錯，我有同感。

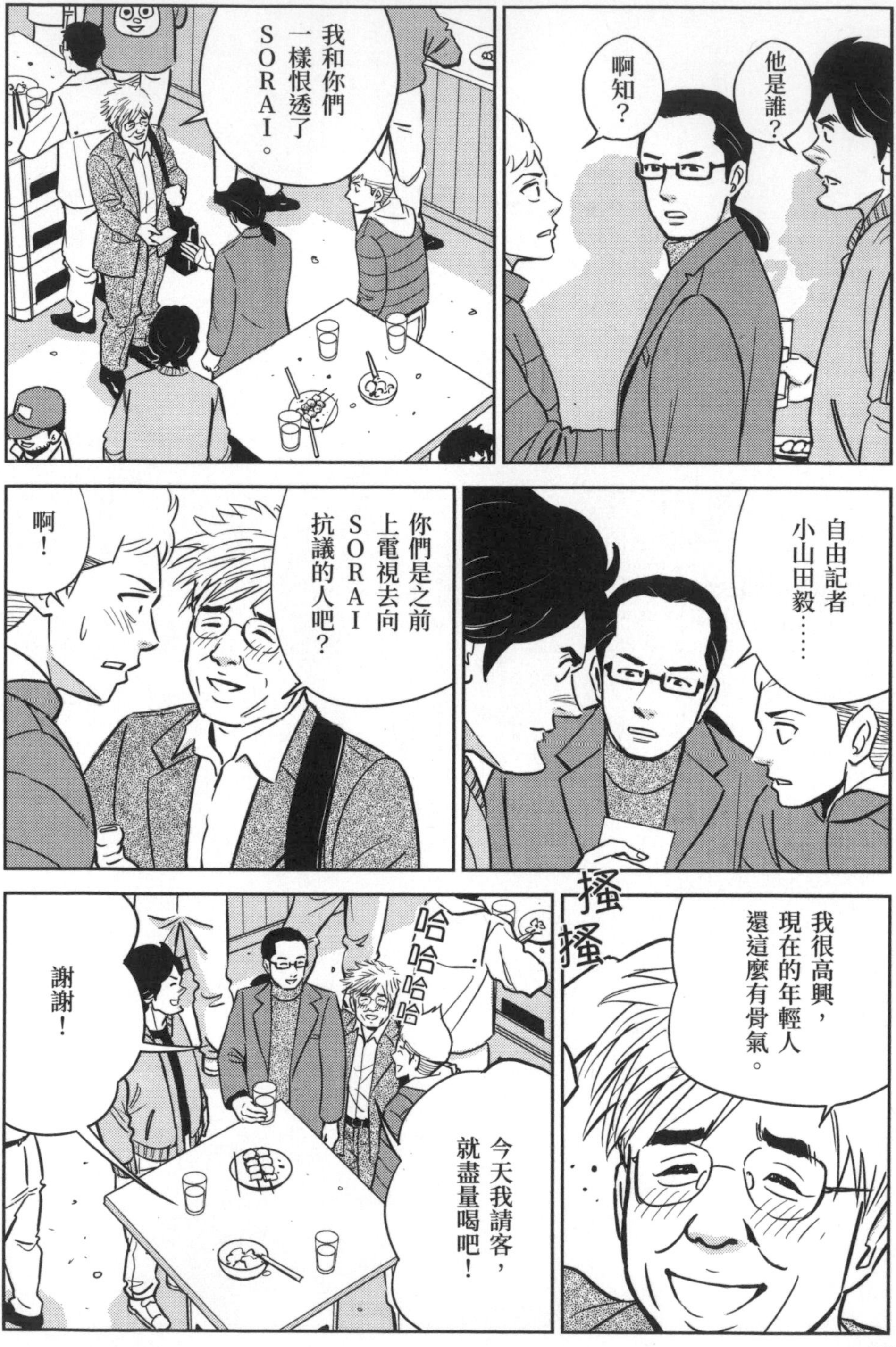
他是誰？
啊知？
我和你們一樣恨透了SORAI。
自由記者小山田毅……
你們是之前上電視去向SORAI抗議的人吧？
啊！
搔搔
我很高興，現在的年輕人還這麼有骨氣。
哈哈哈哈
今天我請客，就盡量喝吧！
謝謝！

可是大部分的人都不反對SORAI的政策呢。
點頭
這就是那台電腦最可怕的地方啊。
提出立意良善的理論，讓人看來是訴諸真實情況，但其實只是逼迫人民接受國家的需要。
好可怕。
你們知道SORAI這個名字的由來嗎？
仔細想想，還真不知道呢。
嗯。
這個日本引以為傲的純國產超級電腦，是以江戶時代的大思想家荻生徂徠的名字來命名的。
荻生徂徠？

荻生徂徠是侍奉江戶時代中期第五代將軍德川綱吉寵臣柳澤吉保的儒家學者。
身為綱吉與八代將軍德川吉宗的智庫，對幕府政治帶來許多影響。
特別是在赤穗事件的表現令他聲名大噪。
赤穗事件？
就是忠臣藏啊。
你知道嗎？
嗯，只聽過名字……

元祿十四（一七〇一）年
江戶城內發生赤穗藩主
淺野內匠頭
砍傷高家旗本吉良上野介的重大傷害事件。雖然最後無人死亡，
但該怎麼處罰，讓幕府傷透腦筋。
砍人的內匠頭按理是該切腹沒錯……
問題是被砍的吉良大人啊。
嗯——
原本依照「喧嘩兩成敗＊」的規定，吉良大人也該一同切腹才是。
但有種說法指稱內匠頭因為憎恨吉良大人單方面動手。
結果吉良因高家＊的身分，具有高貴的地位，沒有被究責。
然而這樣的結局引起了淺野內匠頭的家臣赤穗藩士們的不滿。
為何只有我們家主人需要切腹，不是說「喧嘩兩成敗」嗎？
赤穗藩　家老
大石　內藏助

＊發生武鬥後，無論爭鬥原因對錯，雙方均須受相同處罰。

＊幕府舉行儀式或典禮時的司儀。

於是，在元祿十五年（一七○二）十二月四十七名舊赤穗藩士衝進吉良的宅邸，砍下吉良上野介的首級，順利為主君報了仇。
如此一來，卻讓幕府官僚再度陷入困境。
竟敢忤逆幕府的判決，該當死罪。
沒錯，否則今後不知有多少人會學他們這樣造反。
但是，地方大名與庶民卻有不同想法……
為主君報仇，不是武士的典範嗎？
判死罪也太過分了吧！
真頭痛啊。確實，身為武士，為主君洗刷冤仇，值得獎勵，
うーん
然而，若這樣放過，那麼法律就失去意義了。
最後解決這個難題的，是荻生徂徠。

他們的行為確實表現了忠義，可作為武士的典範。然而對主君盡忠，同時也是個人的領域。
私人領域與法律這個公領域兩相衝突時，何者為先呢？當然是公。因此，判處死刑才能服眾。
即使如此，他們在講求個人道義的世界裡是應該被讚揚的，所以不該像罪犯般被斬首，
而是帶著榮譽受切腹之刑，如此一來，無論武士或社會大眾應該就能接受了。
換言之，他們最後還是得一死，其他人也不會隨意模仿，
法律的權威就得以保全下來。
原來如此！
最後，徂徠的提議被採行。
武士們得到名譽，幕府也收到維護法律秩序之效。
這就是稀世罕見的現實主義者荻生徂徠的真實本領。

相對於當時儒學主流的朱子學，著重在討論每一個人的善與惡，
徂徠重視的不是個人的善惡，而是每一個人在社會上如何發揮功能。
嗯，這麼說來還挺現代的嘛。
悠哉地感動個什麼勁！
咦！
到最後所有人都會變成社會裡一顆小棋子啊！
SORAI也是如此。
若是默默跟隨他乍看合理的政策……

我們都會因為不符合國家利益被處理掉啊。
好、好、好可怕啊。
可是，也沒辦法阻止吧。
SORAI既不會生病也不必透過選舉被選擇，甚至不會鬧什麼緋聞。
呵呵呵，還是有的。
嗯？
過去，我曾經跟製造SORAI的相關人士喝酒，他酒醉後不小心說溜了嘴。

他說有個天大的祕密，
可以讓SORAI
喪失統治國家的
正當性。

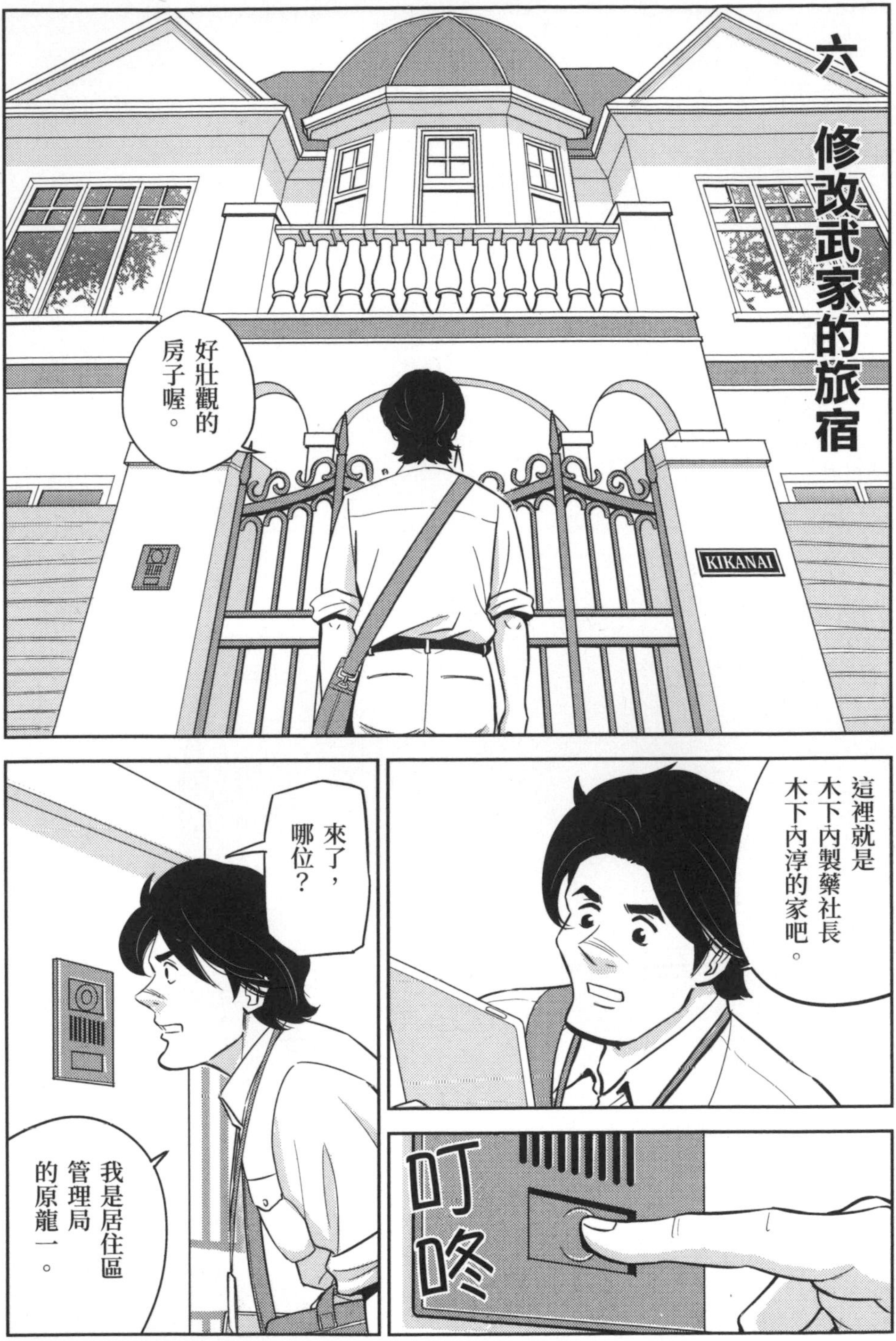
六 修改武家的旅宿
好壯觀的房子喔。
KIKANAI
這裡就是木下內製藥社長木下內淳的家吧。
叮咚
來了，哪位？
我是居住區管理局的原龍一。

我到貴公司拜訪，但他們說社長今日在家，不會進辦公室……
有事就問我吧。
木下內 春江
貴公司的所有員工都已經遷入醫藥品製造業地區，
也請木下內社長您盡快搬到貴社所屬的居住區。
傷腦筋。
如果搬到金融業相關地區，和收入程度相當的人住在一起就好了。
製造業管理階層與末端勞動階層的收入可是天差地別。

竟然要我們住進同一個地區，不是太胡來了嗎？
母親，有客人在？
啊，妳回來啦。不礙事兒，只是市公所派來的小職員而已。
怔住
如您所見，我們家女兒正值花樣年華，
若是跟工廠那些勞工住得太近，我能不擔心嗎？
那些人可是您的員工呢！
呵呵呵呵
所以我剛才不是說了嗎，

同樣一間公司，
雇主與受雇者可
是不同階層的人
啊。
砰！
SORAI？
嗶

接下來要對製造業發表新的政令。
說的正是我們呢。
自江戶時代開始，武將多半不住在自己受封的土地上，而是住在江戶。
於是得因往來旅行，不斷入住旅舍。
本來在自己的領地裡可以免費徵收的東西，這時全都得花錢購買。
並且與自己領地上的農民漸行漸遠，最後只剩下收不收得到年貢的緊張關係。
武家人若能返回領地去，就能與人民心意相通，對領地的發展與安定也有幫助。
所以，以下要頒布的政令是……

所有製造業總公司應設於主要工廠所在地，公司董事代表也要居住在該地。

什麼！
放眼現代，許多企業的總公司位於東京、工廠則設立在其他縣市。
對通訊發達的今日來說，已無將總公司設立在首都的必要性，
此外，因物價高昂，造成費用的耗損，加以總公司與製造現場的溝通斷層，

管理階層與工廠勞工都若在同一處工作、生活，將促進彼此的理解。
此外，經營者的生活公諸於世，也可防止單方面的壓榨。
經營者之中有許多人生來就是上流階層，
這裡就有一個。
這些人因無法體會他人生活，將生活在中下階層的人視為螻蟻。
若能讓他們知道現場的情況，便能導正既定觀念。
此外這項政令還有助緩和所有產業高度集中在東京，
可促進地方活力。

我記得貴社主要的工廠也位在地方縣市呢。
我不去！我絕對不要去那種鄉下地方！
此外，聽聞最近許多有錢人透過虛報的手法拒絕搬遷。
然而，只要經過IoT技術、電子運算等大數據，虛報的事實馬上就會被發現。
在我日本大國，即使是富裕階層，也不能享有特權。
今後，對於抗拒政令者，將強制執行。

此次的政令受到地方工廠勞動者的青睞。
很不錯啊，很想讓總公司的那些人到生產第一線來好好看看。
OO 縣
汽車工廠員工
此外，最近也進行了第一波對於拒絕搬遷的資產家強制執行的行動。
放手！我不要離開這裡。
啊哈哈哈
誰叫你不自己乖乖搬走。
噗嗤
不愧是SORAI

若是對低收入者強制執行，一定會引起暴動，
但是對有錢人下手，反而可以獲得低收入者的喝采與支持，這一切都在它的計算之中。
同時拜這一波強制執行所賜，讓國民很快就接受了。
那之後不就會有更多強制執行的行動？
有可能。
好可怕。
有什麼關係，只要乖乖遵守政令，就沒事啦。

無論如何，可以教訓一下那些囂張的有錢人就是爽！
我有事先走了喔。
啪噹
他最近好像心情特別好。
因為交女朋友了啊。
咦咦！
我怎麼沒聽他說——
那是因為你剛跟真理分手，不好意思在你面前提到這件事吧。

哪裡認識的？
他說是住在附近、同個職場一起工作的同事。
真諷刺啊。
因為ＳＯＲＡＩ害你分手，他卻是因為ＳＯＲＡＩ而交到女朋友。
在同一個地方上班，兩人之間就不會因為工作、收入的落差產生問題。
偶爾奢侈一下去外面吃頓飯吧。
不好意思，我沒什麼錢⋯
朋友的婚禮之後要去續攤，你要不要一起去？
嗯，不了，我沒有正式的衣服。

雖然人家說，談戀愛和錢並沒有關係……
但是兩人之間收入差距太大，從結果來看，果然還是會造成影響吧。
七、端正「主」、「客」之間的關係

大石，
赤穗製造的新樣本檢驗報告出爐了。
咦！結果如何？
材質B、品質B、耐久性A，檢驗合格了。
太好了！
我立刻回報老闆，去去就回來。
大石真熱心呢。
赤穗製造

午安。
哦，阿誠啊。
老闆，檢驗報告出來了！
如何？
合格！可以開賣了。
耶！
哈哈哈哈
哈哈哈哈
真是太好了，竟然可以不用提高價錢就能提升品質。
因為材料降價了啊。

哈哈哈哈
現在已經不能大量生產劣質品，材料生產過剩，所以就降價了。
說實在的，我畢竟是製造業出身，可以的話，我也想做出更好的東西。
哈哈哈哈哈
況且被那台電腦這樣說，怎麼可能不做改變呢。
嗶
哦？
聽說SORAI好像又有政令要宣布的樣子。
嗶

武士的收入是米，但是在江戶，無論什麼東西都得花錢買，所以武士就得賣米換錢。
而居中收取手續費、將米換成錢的商人則穩賺不賠。
況且，米價高低其實掌握在商人手中，武士只得低頭拜託。
如此一來，就形成了「反客為主」的情形。

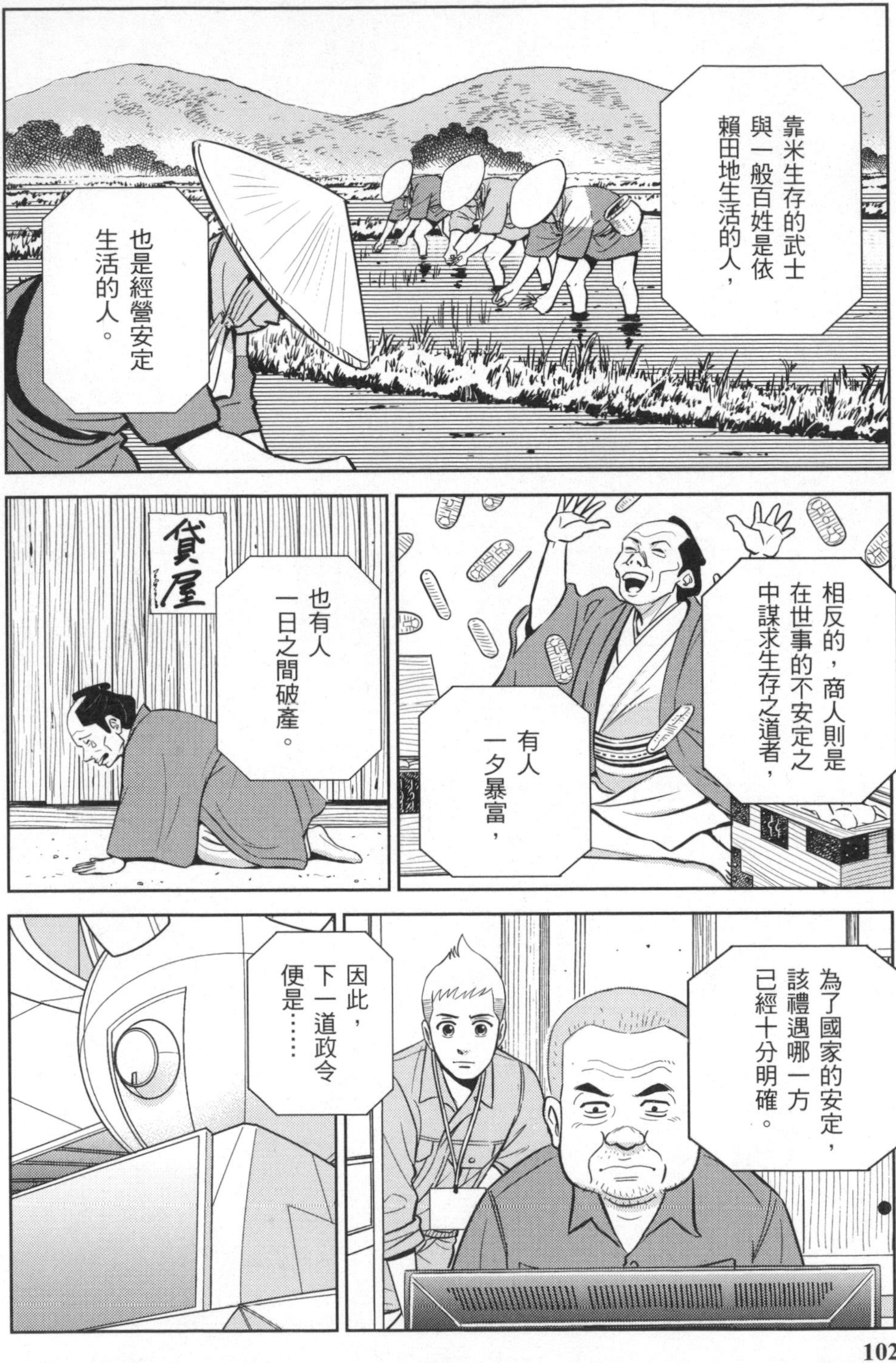
靠米生存的武士與一般百姓是依賴田地生活的人，
也是經營安定生活的人。
相反的，商人則是在世事的不安定之中謀求生存之道者，
有人一夕暴富，
貸屋
也有人一日之間破產。
為了國家的安定，該禮遇哪一方已經十分明確。
因此，下一道政令便是……

提高股票、投信等交易、配息等投資所得之稅率，降低第一、第二級產業＊的稅率。

哦哦！
太棒了。

過去的落後國家
現今GDP
直追先進國家，
人民享受著
富裕的生活。

也因為如此，整個世界都難以避免陷入資源枯竭、糧食不足的窘境。

＊第一級產業指利用自然資產的生產活動，包含農、漁、牧、採集業等，第二級產業指利用各種原料製造從事加工生產的活動，如製造業、工業等。

為了國家的安定，就得寄望農業、漁業以及有效利用有限資產生產的製造業等，能有更好的發展。
売買代金
現在値
売買代金
相反的，客戶數量相對較少的金融業，今後無法再有更進一步的發展。
此政令即是藉由稅制，將日本導向更腳踏實地的堅定社會。
沒錯，就是這樣！靠別人的錢來賺錢的傢伙，活該要受到懲罰。
啊哈哈哈哈！

我是晴美，目前正在金融相關的地區。
金融業因為日前頒布的政令緣故，開始縮減業務範圍、調整人事，我在這裡已感受不到先前的那種活力。
那台破機器完全不懂經濟！
再這樣下去，日本就會被世界吞噬了！
遭大型銀行解雇的 S 先生
另一方面，中小製造業地區則是一片歡欣鼓舞。我們將鏡頭交給正在手立區居酒屋採訪的大島先生。
是的，我是大島。
喔耶！

嗯？你說ORAI？那傢伙真是了不起啊，明白世事。
因為品質管制的關係，將我們從削價競爭的地獄中解救出來。
我們公司也因為這項政令，得以拒絕中盤的剝削。
SORAI在導正現在的世局啊。
SORAI是我們的救星，萬歲！
萬歲！

真是不得了。不久前大家還在說SORAI是窮人之敵呢。
SORAI並不與誰為敵，唯一思考的就是如何安定國家吧。
喲！
喀啦
龍一，真難得會在練團以外的時間看到你。
怎麼了？
啪！

對不起，請讓我退出波爾多！
咦！
龍一！怎麼回事？
因為我想通了。

想通什麼？
早上起床後，不是就該去上班嗎？
雖然工作上偶爾還是會出現令人氣憤的事，
可是不必擔心失業，也不擔心績效。
五點半工作結束後，可以跟同事或女朋友到差點禁售酒類的便宜居酒屋喝一杯。
或是和附近的大叔們下將棋。
有站在同一陣線的同事，
也沒有負擔不起生活的問題。
有一天晚上，我躺在床上，突然發現……

天吶！
我好幸福啊！

過去我也曾經夢想著有一天我們會紅、變得有名，能夠住在大房子裡……
但老實說，我對於現今的人生感到滿足。
當然今後我還是會繼續彈吉他，但是不會想當職業吉他手了。
要這樣的我，在你們面前撒謊，繼續留在波爾多，實在太對不起你們了。
原諒我！
龍一！

可惡！
繼拓也之後
連龍一也這樣。
SORAI
萬歲！
萬歲！
再這麼下去，人類會
習慣被機器豢養，總
有一天成為家畜。
難道沒有辦法
做點什麼嗎？
如果能知道
SORAI的
祕密……
弱點？

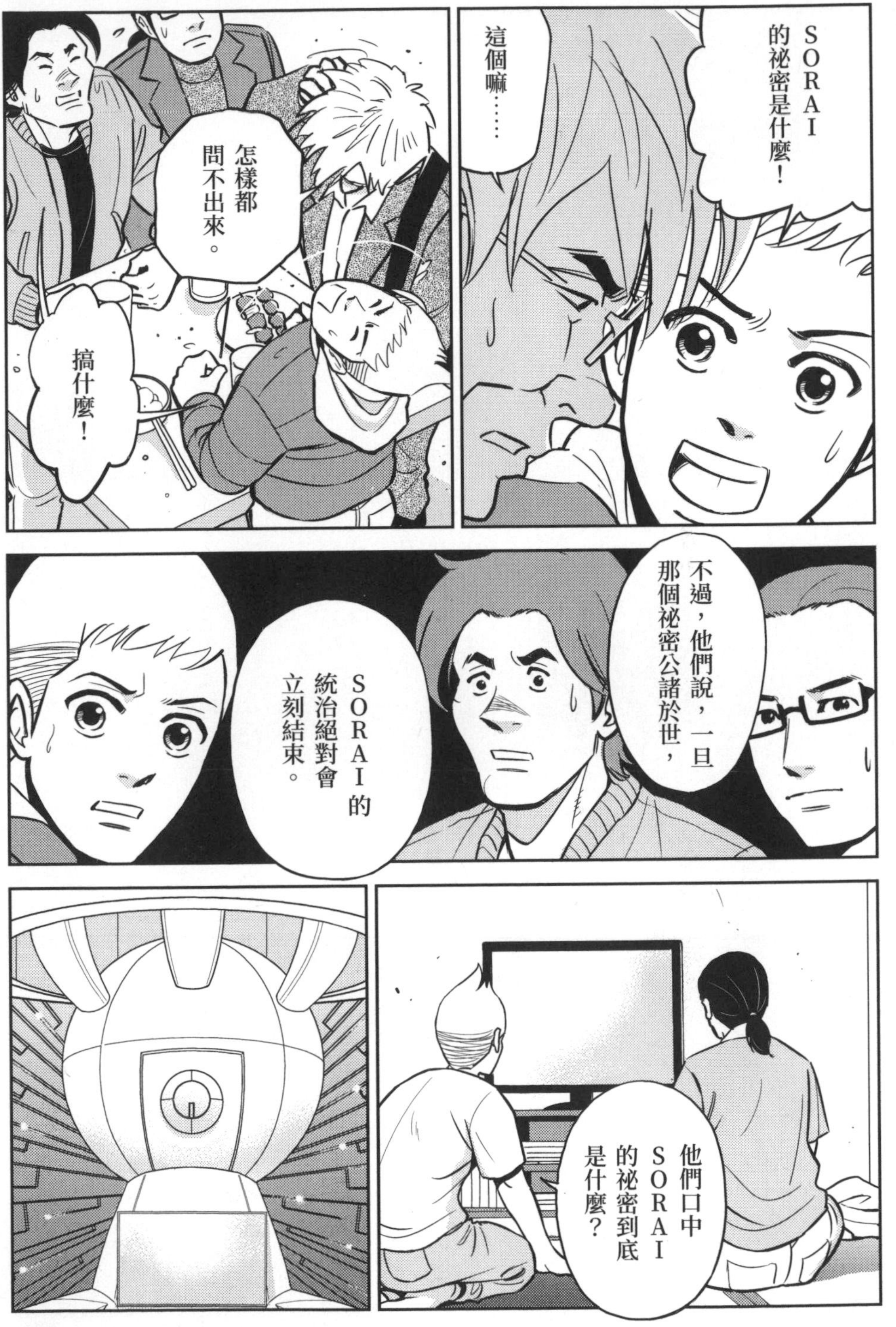
SORAI的祕密是什麼！
這個嘛……
怎樣都問不出來。
搞什麼！
不過，他們說，一旦那個祕密公諸於世，
SORAI的統治絕對會立刻結束。
他們口中SORAI的祕密到底是什麼？

好的，今天來與SORAI對話的是這位金融分析師。
拍手拍手
拍手拍手
好的，請說。
嗯
你這傢伙想把資本家、金融業抹黑成破壞社會的壞人。
給我聽好了，這世上若是只有製造者和消費者，很多事情都會窒礙難行。
為了讓世界的流動更順暢，必須要靠經濟，我們這些金融相關的職業也是必需的！
而且說到底，你這傢伙也是因為有雄厚的資本才得以誕生！
消滅資本主義，經濟的發展、生活的富裕也都會消失！

……
過去資本主義確實對社會發展有很大的貢獻。
沒錯！
但是如果社會不再發展，又會如何？
嗯？
日本的超低利率已經持續半個世紀以上，
這顯示出日本的需求已達飽和狀態。
資本家必須不斷尋找下一個投資標的，因此他們得往風險更高的標的去投資。

最糟的是投資失敗，不僅當事人，連國家、中小企業、一般國民都身受其害。
售
這就像江戶時代，不顧庶民的窮困潦倒、在米糧市場上豪賭的商人一樣。
倘若資產家為了追求利益會妨害國家的安定，
我就得出面削減他們的力量。
可是為了解決社會上各式各樣的問題，必定仰賴經濟成長！
若是以經濟成長為前提才能成立，根本就是無用的政策。
再說，

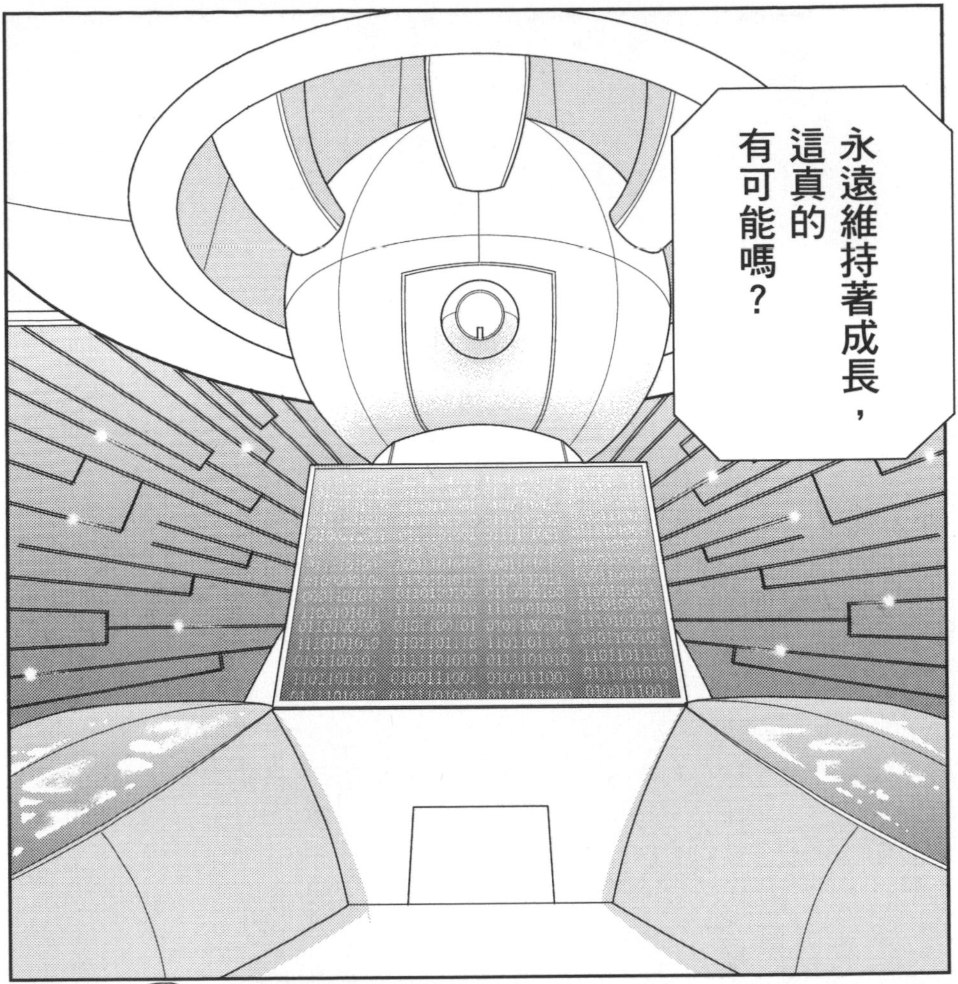
永遠維持著成長，這真的有可能嗎？

好，下一位。

八、辨別有才德者
為什麼！
是的。
咦！你竟然拒絕？

你的工作都做得很確實，也很認真，所以我才想推薦你擔任主任。
謝謝您。
不過，我並無意在這個工作上取得成功。
基本上，我對於由SORAI管理的這個社會本身就無法接受。
抱歉。

在SORAI的政令下，經營者與勞工居住在同一個地區已經過了半年。
據說因彼此拉近了距離，經營者不得不面對勞工的薪資問題，
彼此的所得差距也逐漸拉近。
我啊，每次看到社長，就一臉渴望地直盯著他。
啊哈哈哈哈
結果他就幫我調薪了！
SORAI的政策還挺不錯的嘛。

笨蛋！這樣下去，情況恐怕會越來越恐怖。
會越來越恐怖？
SORAI的政策其實就是過去蘇聯、中國所施行的社會主義啊。
社會主義最大的問題點在於統治與被統治雙方完全的兩極化。
統治階層以國家優先為名，一再被賦予更大的權力，
後來演變成熾烈的權力鬥爭，完全無視國民。

被統治的一方，各種權利都遭到剝奪，最後連發聲都不被允許。
這樣的體制一旦形成，要想推翻就很難了！
所以在社會主義國家裡，賄賂蔓延是很理所當然的事。
可是，賄賂對SORAI恐怕不會有效吧。
對SORAI的確無效！
可是實際運作國家的是那些政客與官僚，
那些傢伙一直等著社會主義滲透進國家，以利擴大他們的權益。

SORAI充其量是機器。
不知道人類的政客有多貪心狡猾。
SORAI的政策只會助長那些傢伙罷了！
士郎你懂的真多。
小山田先生！

如你所言，SORAI的政策會讓統治階層更加強大穩固。
小山田先生，你還沒挖出SORAI的祕密嗎？
相當困難吶。雖然和相關人士已有了接觸。
搔搔
但若是輕舉妄動，反而會讓對方知道我們的意圖。
乾脆，把SORAI……
咦？

河野史代
我想寫信給太陽
韓宛庭——譯
二冊套書加贈「作者手繪勇氣筆箋」
日本國寶級漫畫家河野史代創作生涯至今投入感情最深之作，描繪311大地震後，失去妻子音訊的公雞先生，決定展開一場尋妻之旅。記錄受創的日本各地，勇敢朝復原之路前行、無比珍貴的家園風景。
288頁／520元
木馬文化
文學／人文／生活
在國外生活十六年後，林蔚昀重返出生地台北定居，
320元
遠足文化
夏季号
2018
Walkers Cultural Enterprise Ltd.
© 2018 Walkers Cultural Enterprise Ltd.
木馬文化粉絲專頁

JAPANESE DESIGN
Art, Aesthetics & Culture
12個美學要素
×
10個關鍵特徵
打破日本設計結
Patricia J. Graham 派翠西亞．J．格拉
日本文化觀察局
遠足文化第一編輯部
木馬文化
夏季号
2018
Ecus Publishing House
© 2018 Ecus Publishing House Ltd.
主視覺取自夢枕獏 / 陰陽師系列《晴明取瘤》

把SORAI怎樣呢？
嗯？
沒事沒事。
我再多調查一些吧。
如果有消息一定會跟你們說。
話說回來，士郎你懂的真多。

我過去曾經想從政。
咦？
我成長於單親家庭，從小看我母親辛苦賺錢，就想要改善像她一樣的底層勞工的福祉。
我拚命讀書，高中進入小學到高中一貫直升的名校。
是私立的吧，不會很花錢嗎？
學費是我媽去向親戚拜託，好不容易才湊齊的。
現在想想，就算是公立學校也有很多好選擇。
但是窮困的我跟媽媽一心嚮往私立的名校吧。

就在進去之後，
我只感覺到
非常失望。
喀！
這種直升式的學校
裡有著明顯的金字
塔分級制度。
高中才考進來的人，
地位不如國中部直升
的，從小學開始一路
升上來的，則又更高
一層。
和成績分明
成反比！
說到底，那些家長是
政治圈或企業界人士
的傢伙，從小就在
這裡念書，地位最高。
家裡特別貧窮的我
無法應適那樣的環境，
念到一半就休學了。

所以音樂對我來說，是對社會唯一的反抗。
那個時候我就明白，世上很多事情是一開始就已經決定好的了。
就算只剩下你我兩人，我們還是要一起讓波爾多繼續下去！
好！

咔噠
嗶
江戶時代，地位依據世襲，這是因循天地運行的道理使然。
老舊之物逐漸消失於世，新生之物漸次生長，理所當然地取而代之。
上是上，下為下，這般讓下層者毫無希望可言的制度若永遠持續下去，
居上位者多是沒有才能智識之人時，政權終究會被顛覆。

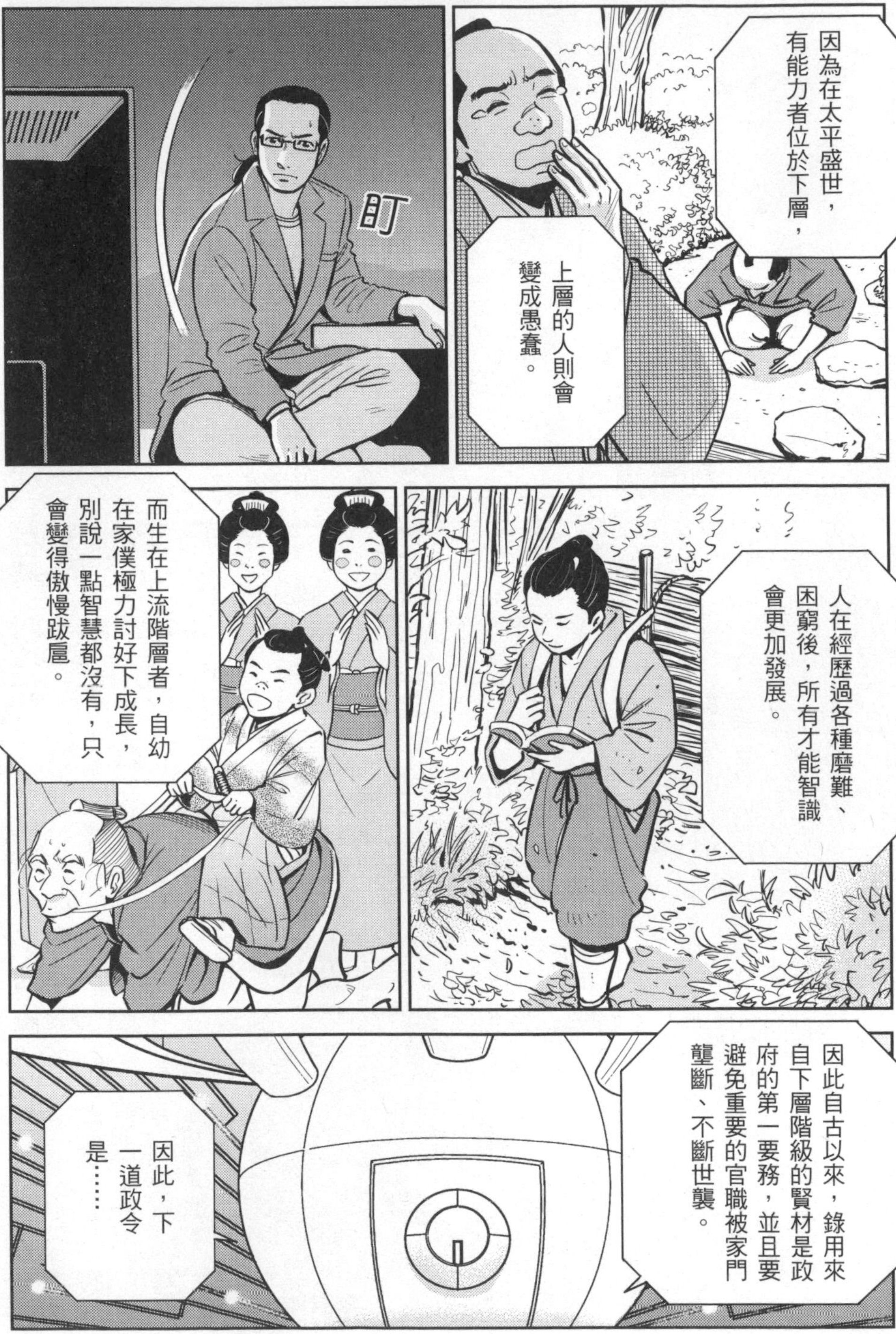
因為在太平盛世，有能力者位於下層，
上層的人則會變成愚蠢。
盯
人在經歷過各種磨難、困窮後，所有才能智識會更加發展。
而生在上流階層者，自幼在家僕極力討好下成長，別說一點智慧都沒有，只會變得傲慢跋扈。
因此自古以來，錄用來自下層階級的賢材是政府的第一要務，並且要避免重要的官職被家門壟斷、不斷世襲。
因此，下一道政令是……

禁止議員的世襲

擁有資產、地位的議員由於世襲，會讓逐漸脫離社會普遍常識的下一代來參與政治，
當然，在第二代、第三代的議員之中也有優秀之人，但是與他們為人民帶來的福祉相較，
政治活動會被用來守護既得利益，
對人民造成的傷害更甚。

對於成績優秀的學生，不只給予獎學金，還有獎勵金制度作為他們的後盾，
讓有實力者不管其家庭經濟狀況好壞，都有向上發展的機會。

摳摳
阿誠
阿誠
咦，是誰？
士郎嗎？
不要開門！
別開門，看到你——
我就無法開口了。
咦？
我要退出波爾多。

你……
你在說什麼啊？
為什麼！
你看過SORAI的政見了嗎？
啊？
我很高興。
SORAI說出我的心聲了。
當SORAI說人類的才能需要經歷困難的磨練才會更加發展時，
我全身熱血沸騰。
我要重新回去讀書，挑戰大考。
拿獎勵金去讀大學。

我想要再次以政治家為目標！
我知道自己很任性，
也明白這樣做會對你造成多大的傷害。
但我還是得退出波爾多。請你原諒我！
啪
士郎！
咔嚓

啪噠
來喔，火鍋煮好了。
大家都走了。
真理、拓也、龍一、士郎……

哦哦哦，等好久了啊！
那麼，大家辛苦了，演唱會辛苦了！
辛苦了！
嗯！好吃。
超好吃的，真理！
是嗎？太好了。
真希望有一天我們可以走紅、唱片大賣，就能去吃燒肉了。
就算我們紅了，我還是想吃真理煮的火鍋！
我也是！
我也是！
啊，可是人家更想吃燒肉！
哈哈哈哈

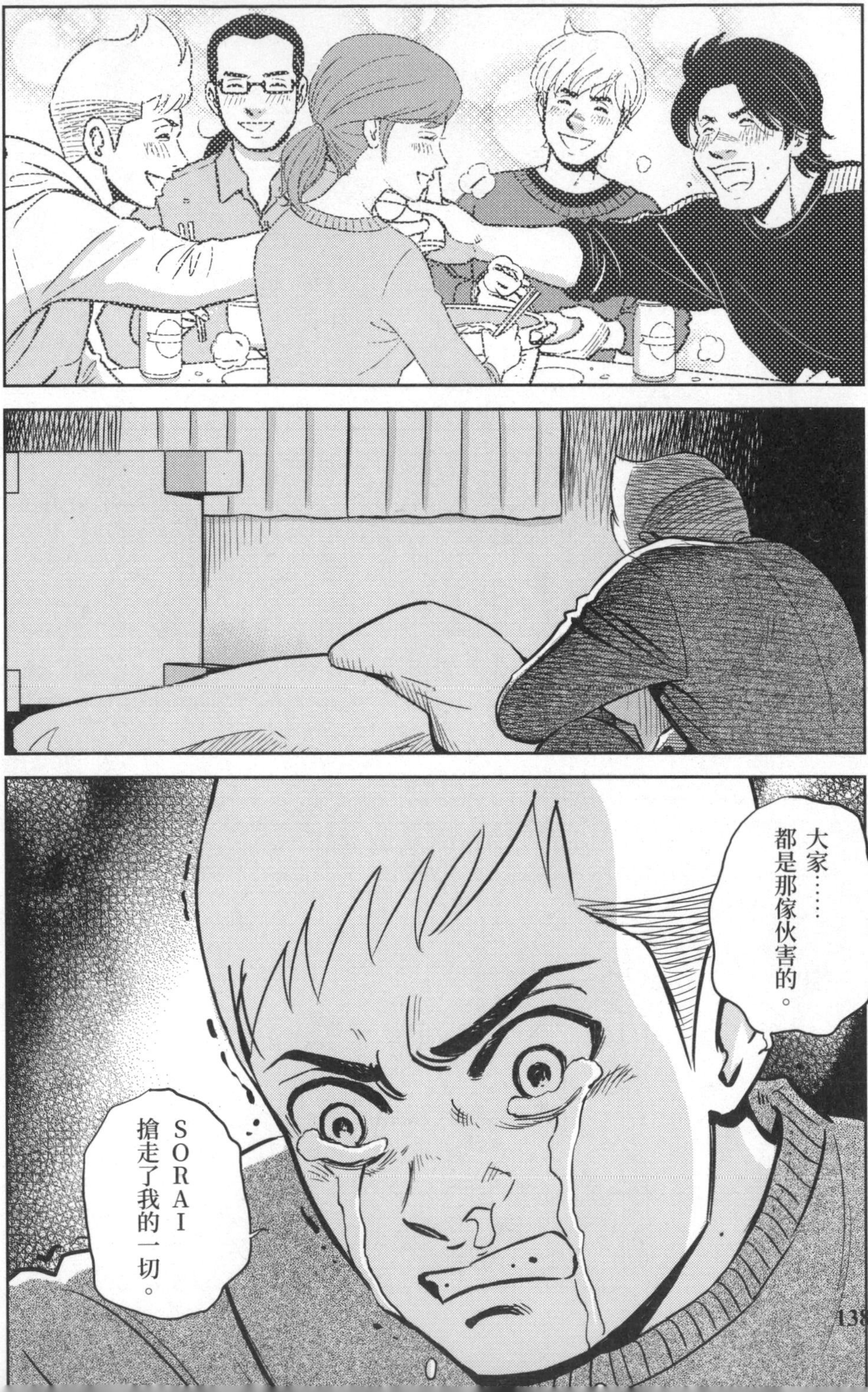
大家……都是那傢伙害的。
SORAI搶走了我的一切。

嗶
喂。
小山田先生嗎？我是阿誠。
要怎麼做才能挖出SORAI的祕密，請你告訴我！
只要可以消滅那傢伙，我什麼都願意做！
阿誠，
這搞不好還會犯法，你可有覺悟？

沒關係！
只要可以讓SORAI消失，我什麼都願意做！

九、唯才是用
今天可以回覆我妳的決定嗎？
……
您真的覺得是我嗎？

我認為課長應該還有更合適的人選才是。
真理。
謙遜真是日本人的壞習慣呢。
鏗
我送妳回家吧。雖然我們住得很近。
不好意思，我想順路去個地方。
是嗎，那就在這裡道別。
去那裡走走吧。

我並不是因為謙遜才拒絕的。
……
阿誠先前住的公寓要被拆除了。
阿誠 @makoto1022
先前住的公寓要被拆掉了，許久沒回去，就來看一下。好懷念啊。
才一年前的事呢，真叫人懷念。
火鍋要上桌囉。
哦哦！等好久啊！

嗯，好吃！
超好吃的，真理！
謝謝妳，真理。
波爾多那群人真令人開心。
那裡讓我有歸屬感。

周課長沒有我也無所謂，
跟他在一起，一定無法擁有共同的夢想。
阿誠
我最喜歡你表裡如一的個性。
總是那麼熱血激昂，感情豐沛，在你身旁真的好開心。
阿誠 @makoto1022
在有許多回憶的公園裡，最後來場個人的現場演唱會吧。

啦啦啦
汪
只有你啊。
你不要再來這裡了。
這個地區會被全部拆除，沒有人住在這裡。
哈哈哈哈
嘈雜
看來這裡治安不太好，還是回去吧。
阿誠，

真理？

妳怎麼會在這裡？
我看到你的發文。
笨蛋！這裡正在重新開發中，治安很差耶！
嗯，我就是因為害怕，只好跑著來。
啊？
不過，無論如何都想見到阿誠你。

這個給妳。自動販賣機還在運作。
謝謝。
是喔，原來波爾多解散了。
嗯
不過，今天的阿誠看起來滿開心的啊，是不是有什麼好事發生？
咦，妳看得出來？不愧是真理。
今天啊……
大石。
什麼事？

正式的人事命令還沒下來，
但我想讓你升任諮詢組的組長。
啊！
讓我當組長嗎？
是的。
可是我沒去參加公務人員考試啊。
你沒看到SORAI最近頒布的政令吧？
嗯，最近刻意不去看了。
我錄下來了，你看看。
嗶

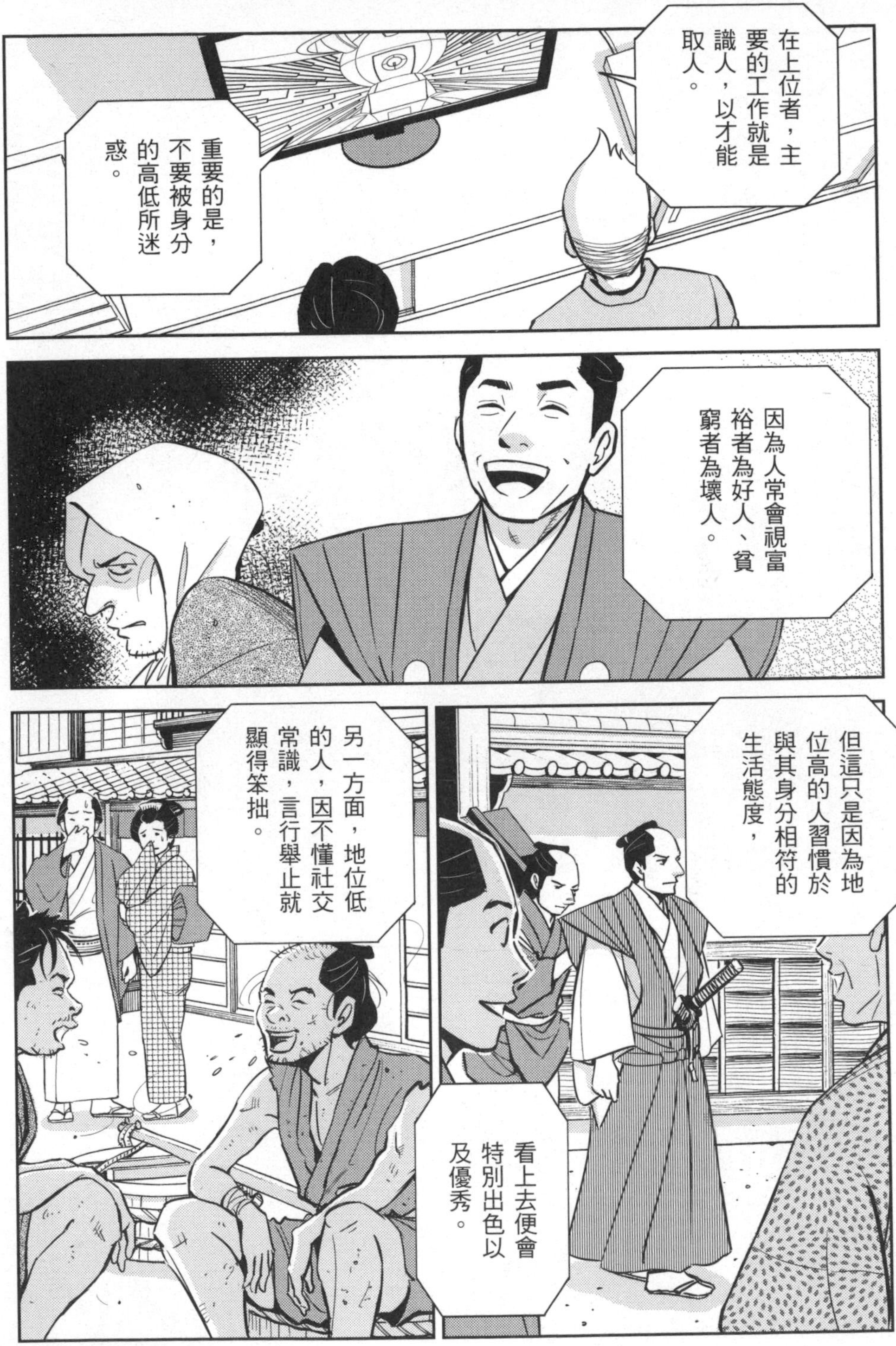
在上位者，主要的工作就是識人，以才能取人。
重要的是，不要被身分的高低所迷惑。
因為人常會視富裕者為好人、貧窮者為壞人。
但這只是因為地位高的人習慣於與其身分相符的生活態度，
看上去便會特別出色以及優秀。
另一方面，地位低的人，因不懂社交常識，言行舉止就顯得笨拙。

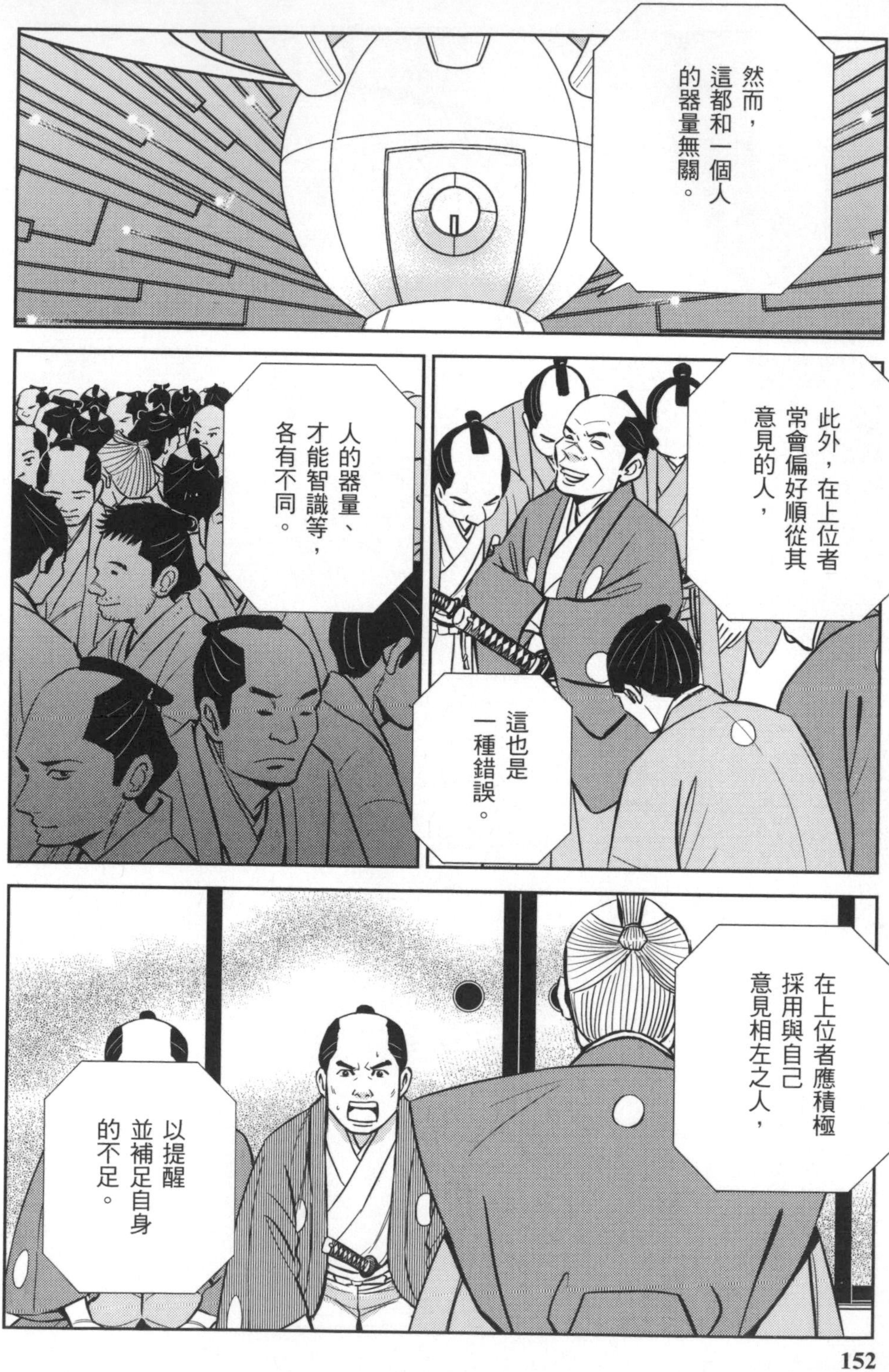

然而，這都和一個人的器量無關。
此外，在上位者常會偏好順從其意見的人，
人的器量、才能智識等，各有不同。
這也是一種錯誤。
在上位者應積極採用與自己意見相左之人，
以提醒並補足自身的不足。

社會上常有人說「當今世上都是些沒有器量的人」。
但我認為，無論哪個時代，都仍然有器量出色者。
差別只是他們位於社會的上層或下層。
在上層的話，就會被稱為人才，在下層則只是不被看見而已。
是故，在上位者應該將積極尋找人才這件事放在心上，這點很重要。
因此，以下要頒布的政令是……

廢除公務人員以通過國家考試與否區分優劣，改依能力高低，積極錄用。

只是這裡所謂的能力，指的並非學業成績，而是「特別的癖好」。癖好讓每個人有不同的個性，亦即才能智識。
凡事盡善盡美的人，不會讓人失望但也沒什麼好期待的。
能夠積極錄用那些多少有些缺點、但卻擁有特別個性的人，
讓他們伸展其長才才是重要的。

所以現在是在說我滿是缺點嗎？
不是、不是！
你負責輔導的經營者，大家一口同聲對你讚譽有加，認為你會站在他們的立場跟他們商量。
咦，我只是聽聽他們的抱怨而已啊。
這樣就夠了。
大石，我們的高層就是一台機器，
不，我想就算是人，也會冷漠地強硬推動執行規則

正因為如此，在最前線就必須要有像你這樣具備溫暖人性的人才行啊。
課長……
嗚
嗚嗚嗚
怎、怎麼了？
我太高興了。我的歌唱不好、打工也不順，
朋友和女朋友都受不了我，一個一個離我而去……
這樣的你，大家才有辦法敞開心胸與你相處，今後就要拜託你囉。
……是。

課長的話讓我超開心，想起好久沒唱歌了，突然好想好想開口唱，
就跑來這裡了。
課長很了解你嘛。
阿誠就是笨拙這點才會吸引人想靠近，
讓人感到安心。

就算只剩你一個，還是會繼續唱下去吧？
嗯嗯。
過去就只是單純為了想唱而唱，
但是今後，我想要唱出一些我這一年來遇過的人也能聽懂的歌曲。
不錯嘛！我也想聽。
……
阿誠，對不起，
我在你最痛苦的時候逃離你身邊。
可是就算波爾多解散了，
我還是想要為你加油！

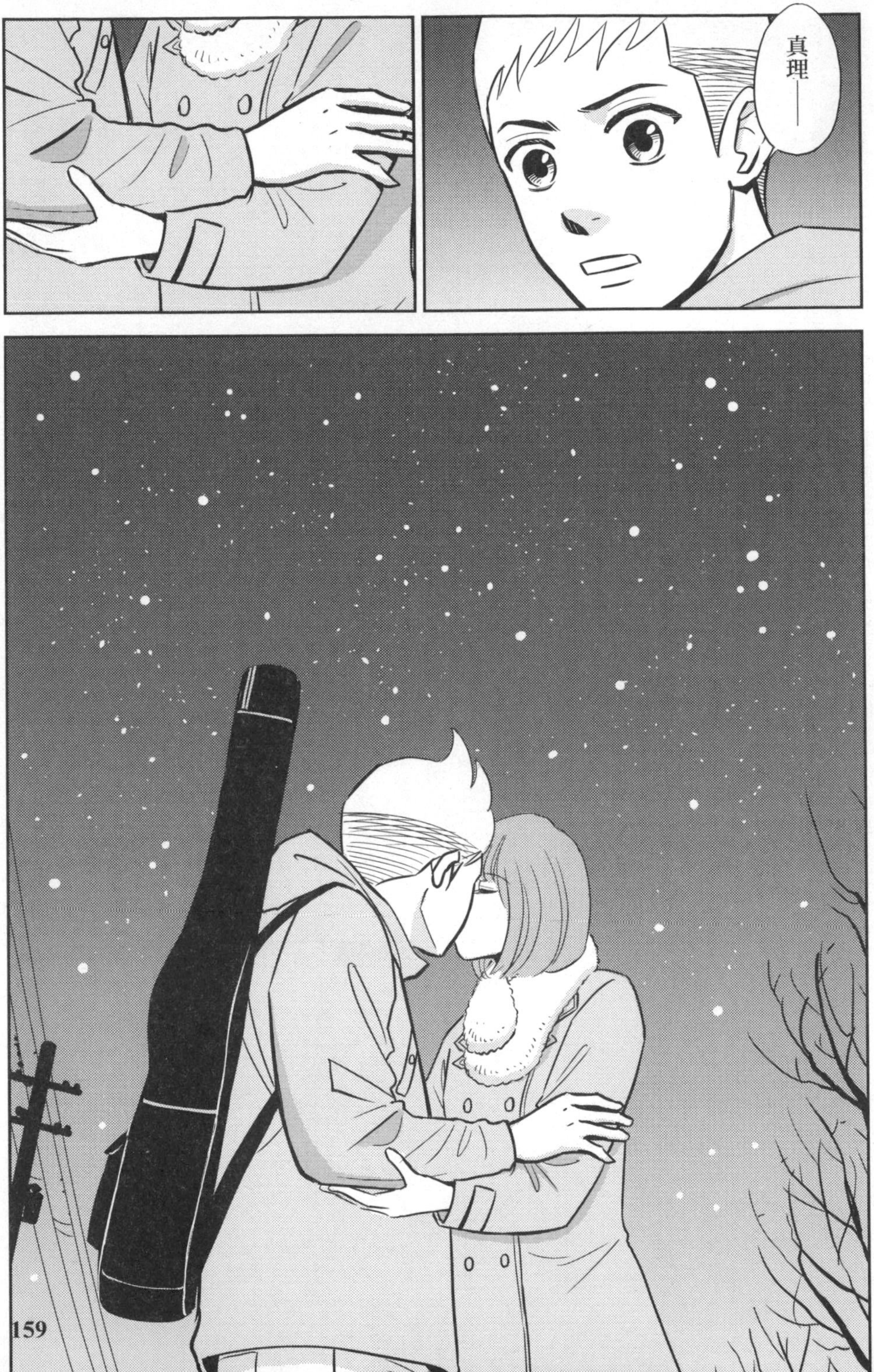
真理——

嗚哇！好冷。
喀啦
政府導入SORAI以來，我第一次覺得有好日子過……
不但被上司誇獎，
女朋友也回到我身邊了……
嘟嚕嘟嚕

小山田先生？
着信中
小山田さん
喂
阿誠？執行時間決定了，一月的……
小山田先生，你聽我說，
我還是……
阿誠
你說過吧，
我的女朋友、同伴都離我而去，
我真的好痛苦，好想死……
我絕對不原諒那台破機器。
嗚嗚嗚嗚

說過這種話的你，不會背叛別人吧？

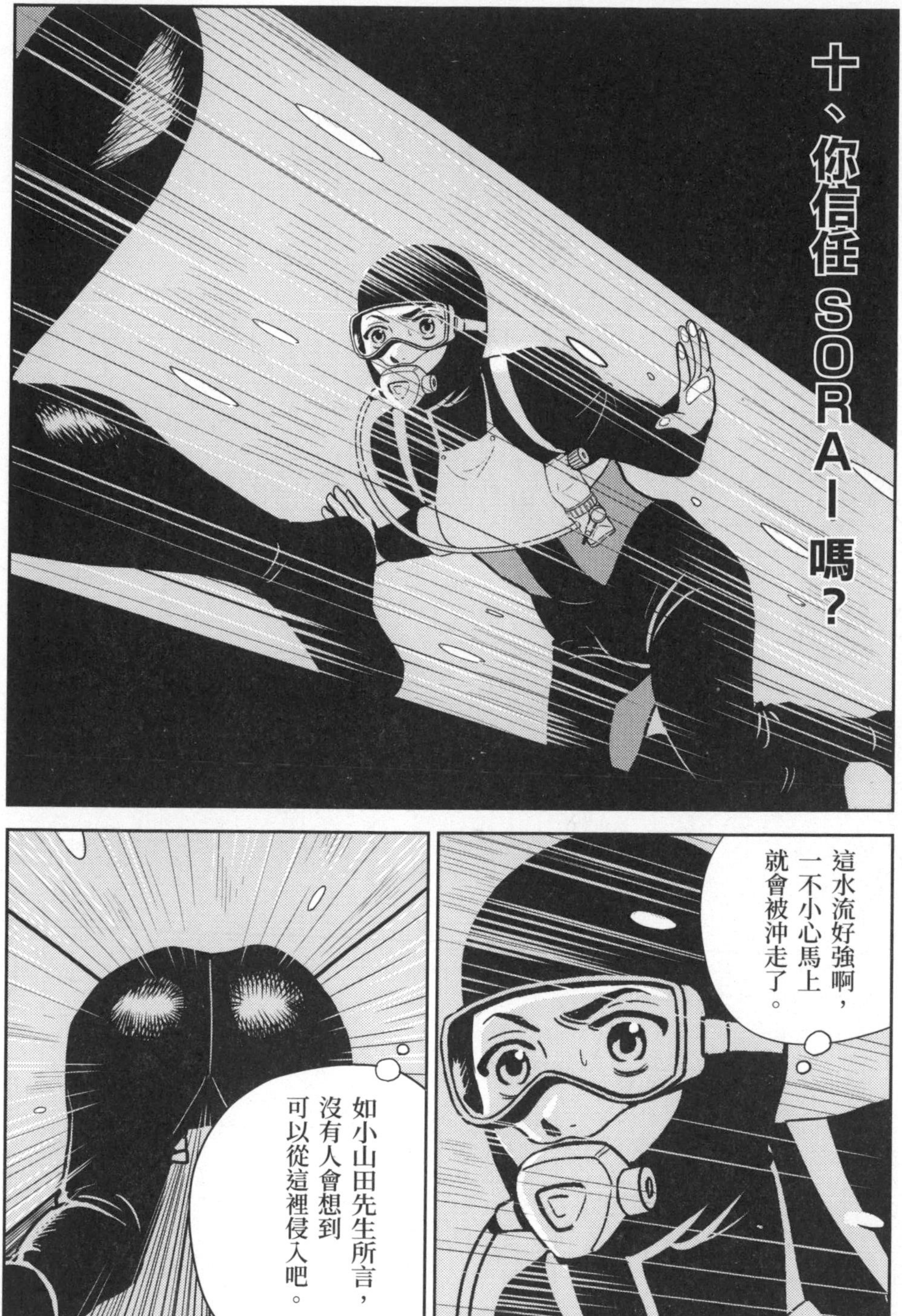
十、你信任SORAI嗎？
這水流好強啊，一不小心馬上就會被沖走了。
如小山田先生所言，沒有人會想到可以從這裡侵入吧。

侵入SORAI？
沒錯，只有這麼做可以直擊與SORAI連接的超級電腦的祕密。
可是，有可能侵入SORAI嗎？
這是超級機密——SORAI的設計圖。
啪
SORAI的本體就在議會下方數百公尺處。
若是從上方侵入，會非常困難，但意外的是，下方幾乎毫無防備。
地下有一條用來冷卻SORAI的水路。
雖然狹小，水流也很湍急，但我認為不會有人想到可以從這裡潛入。

嘰—
嘰—
嗚啊！
阿誠，還好吧？
嗯。
到了。
這裡就是沒人見過的……

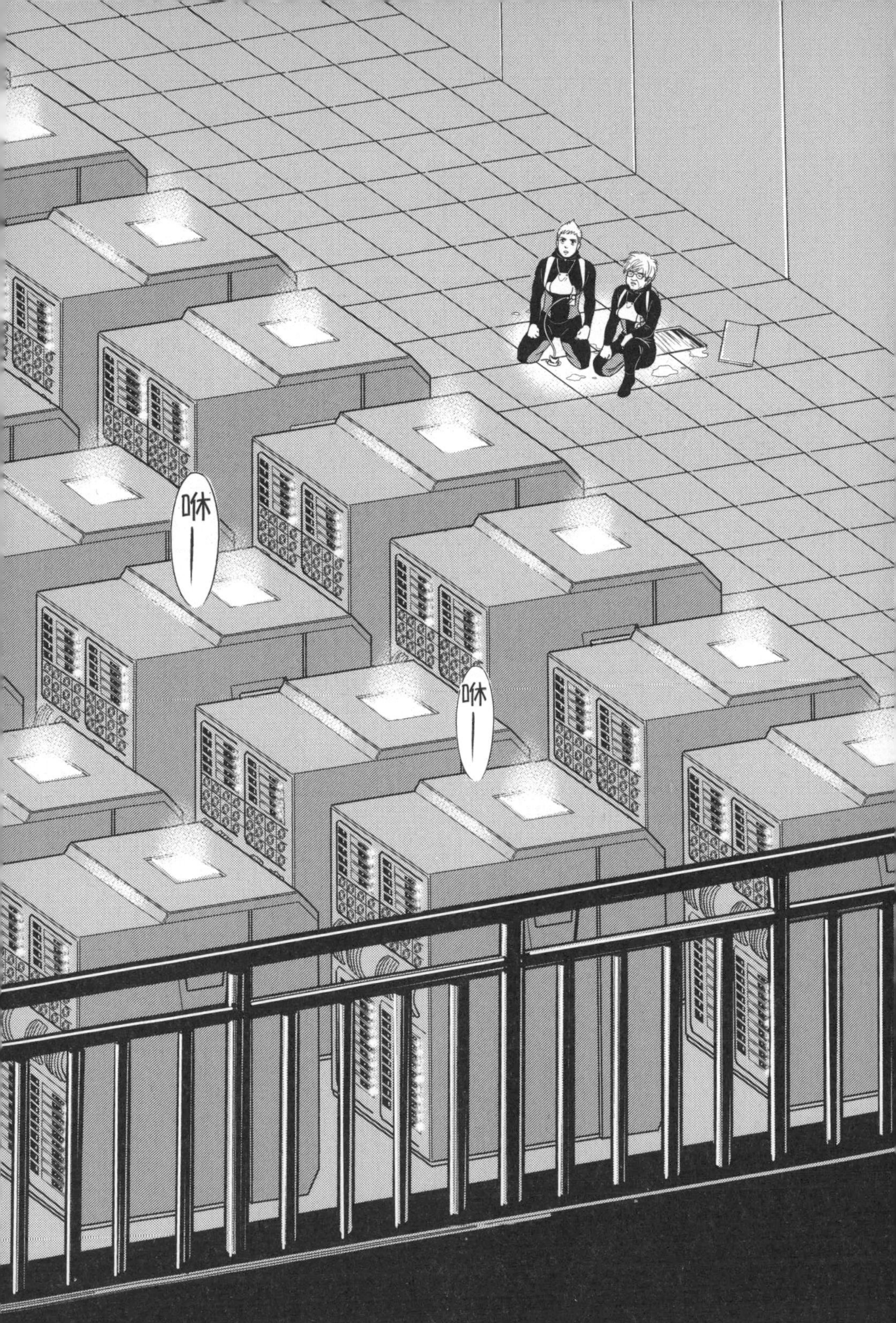
咻—
咻—

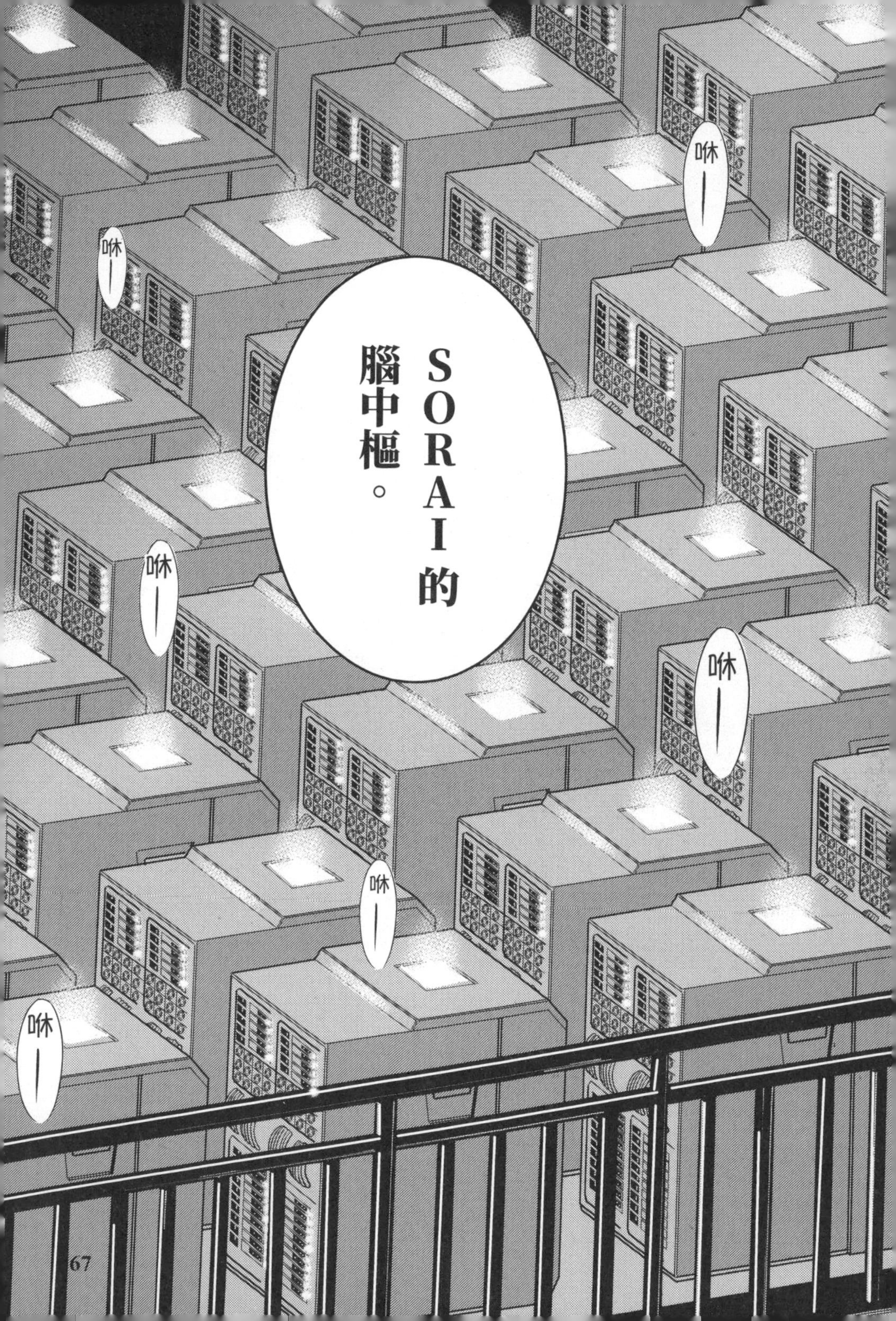
咻—
咻—
SORAI的腦中樞。
咻—
咻—
咻—
咻—

我趕緊試試
連接上SORAI，
就拜託你幫忙把風。
好。
喀噠
喀噠
這下子
可不妙啊。
正因為如此，在最前線就必須要有像
你這樣具備溫暖人性的人才行啊。
課長，對不起。
你對我如此期待，
我卻……

我還是
想要為你加油！
真理……
怎麼辦，
如果我被抓了，
就再也見不到真理了。
怎麼會
這樣！
怎麼了？
阿誠，我知道
SORAI
的祕密了……
真難以置信，
SORAI
它……

咻—
除了荻生徂徠的資料外，別無其他。
咻—
咻—

這是怎麼一回事？
根據政府說明，SORAI是綜合古今東西政治家、思想家的思想內容而形成的理想人格。
然而實際上，SORAI卻只單單輸入荻生徂徠《政談》一書的內容而已。
僅僅以一本書做為參考就執政了啊！
怎麼會這樣？
我不知道，但若把這件事公諸於世，SORAI就完蛋了。

可是這樣做的話，日本又會如何呢？
恐怕將陷入一團混亂吧？
啊啊，沒錯，要收拾這混亂的局面恐怕要好幾十年，
喀噠 喀噠
不，搞不好就這麼墮落成全球最貧窮的國家也說不定。
這樣也沒關係嗎？
你說什麼傻話！明明最希望看到SORAI破滅的不就是你嗎！
我就算說過想要SORAI破滅但可沒說想要日本也破滅啊！
小山田先生，我們再冷靜想想吧！
……我才不管呢。

咦？
我才不管這個沒有未來的國家會怎麼樣。
阿誠啊，我呢，是接受了某國的金援，委託我執行讓AI統治失敗的工作。
某國是指？
這我不能說。
咻－
咻－
不過，所有國家都希望看到SORAI失敗。
你想想看，SORAI的統治若是成功，就會傳播全世界，
那全球的政治人物就要失業了。
所以不管哪個國家都期待著日本的失敗，甚至是破滅！

你竟然是為了錢……
混帳！我才不會讓你如願！
住手！
啪
放開我！
推
混蛋傢伙！
推
到此為止！

呼
呼
呼
噠噠噠
你是誰？
我是誰，你們最好一輩子都不要知道比較好。
我聽到你們剛才的對話。
沒錯，SORAI確實只輸入了荻生徂徠《政談》一書的內容。
為何要這麼做！

《政談》是徂徠晚年傾盡心血完成的作品，原本是要呈給將軍德川吉宗的政策建言。
但因為本書相當程度是在批評官僚，吉宗將軍身邊的那些臣子對此內容有所疑慮，最後並未上呈將軍。
從那時以來，我們這些荻生派使十分期望有朝一日，能夠以《政談》為基礎來執政，
而這樣的時代終於來臨了！
小山田先生，我們有很多事想請問你。
你得乖乖去坐牢了。

阿誠，你是個誠實的人。
如果你向我們保證絕不公開這個祕密，那麼這次就當作你沒有參與，放你回去。
……
辦不到！
辦不到？
因為這不就是國家在對人民說謊嗎？太奇怪了吧！

那只能把你也關起來了。
噠噠
真理！
等等——
這聲音是……
SORAI！
這位青年說的沒錯。
改正國家基礎的我若是以不正當手段取得這個位子，那就沒有統治國家的資格。

你在說什麼！SORAI。
原來SORAI自己也不知道。
我要放棄統治權。
SORAI！
等等！如果你現在放棄，日本將陷入一片混亂。
就只顧著你自己，豈不是太自私了？
可是，我並沒有正當的資格啊。
……
那麼，來問問看不就得了。
問？問誰？

國民啊，
十年後以公投方式
詢問人民的意見。
問問大家是否
願意讓SORAI
繼續執政。

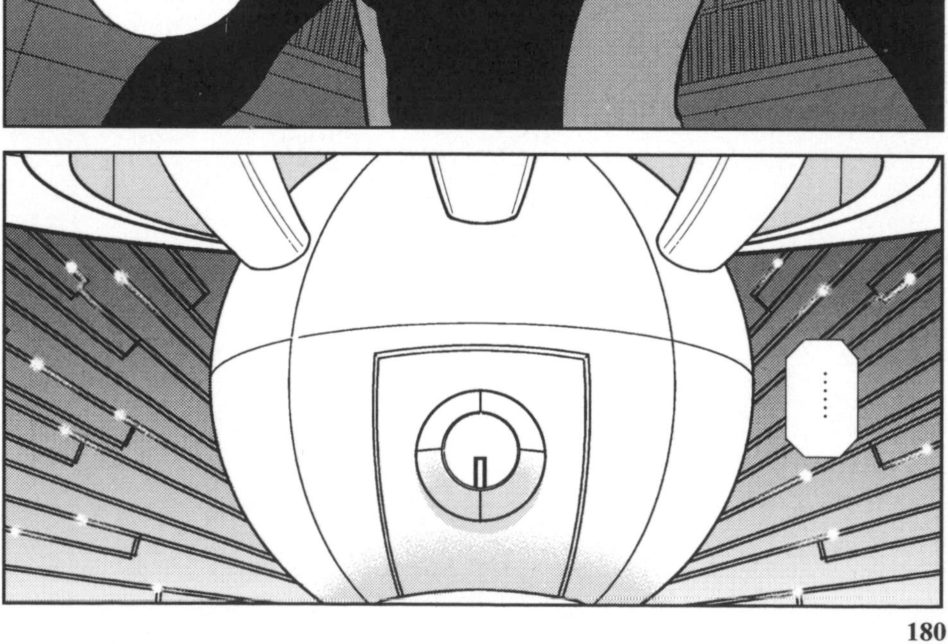
……

SORAI突然於日前發動全民公投，將決定二〇六五年舉行是否繼續AI統治。
突然這麼做，這是怎麼一回事？
發生什麼事了？
就算是機器也會煩惱吧。
誰啊？
叩叩

喲！好久不見。
龍一！
咦！真理怎麼會在這裡？你們又在一起了？
囉嗦，你來到底有什麼事啦！
嘿嘿嘿，我也想要回到你身邊啦。
什麼？
沒有目標的生活，一點挑戰也沒有。
對不起，請讓我再一次跟你一起玩音樂！

新的波爾多又誕生了呢。
那得找貝斯手跟鼓手才行啊。
握

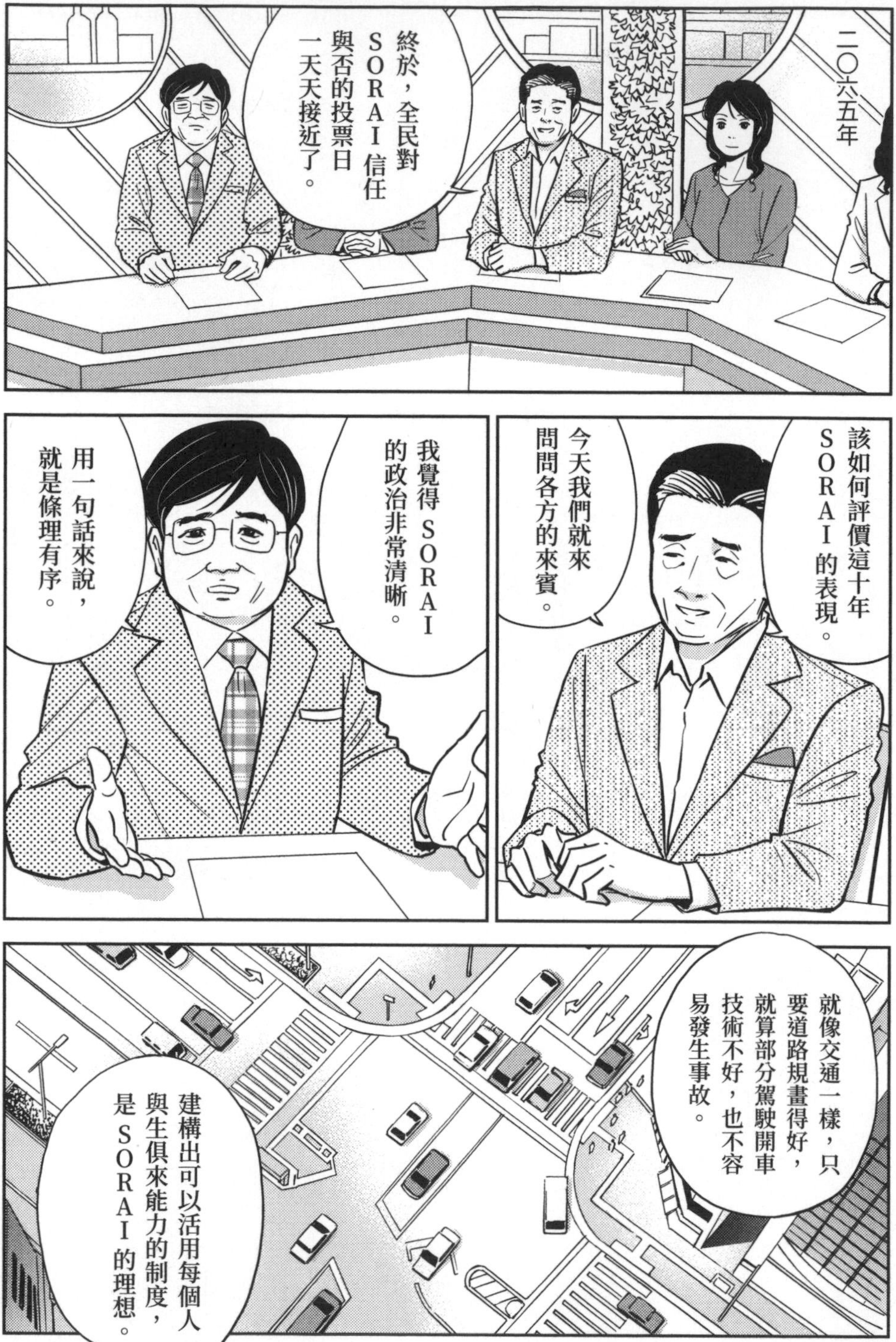
二〇六五年
終於，全民對SORAI信任與否的投票日一天天接近了。
該如何評價這十年SORAI的表現。
今天我們就來問問各方的來賓。
我覺得SORAI的政治非常清晰。
用一句話來說，就是條理有序。
就像交通一樣，只要道路規畫得好，就算部分駕駛開車技術不好，也不容易發生事故。
建構出可以活用每個人與生俱來能力的制度，是SORAI的理想。

今後無論資源或人才都將逐漸匱乏，國家需要更具有前瞻性的計畫，
因此……由SORAI統治的政治是必然的。
我不這麼認為。
SORAI的政策基礎是將人綁在土地、戶籍上，為國家奉獻，
這完全是舊時代的政治思維。
人本來就該有自由選擇居所、生存方法的權利。
現在的政治更該回到由每一個國民做主才對。
如果每個人都照自己的意思任性而為的話，國家就無法成立了！
完全相反！

像SORAI這樣用規則將人綁住，無法有創新思維，也使經濟停滯。
可是相較於發展，多數國民都期望安定。
好的好的
今天還有一位特別來賓。
是現今廣受歡迎，從年輕人到老年人都喜歡的搖滾樂團波爾多主唱，
阿誠。

阿誠你對SORAI統治的這十年，有什麼感覺？
SORAI在每個人的周圍築起了高牆。
對於近在身旁的幸福感到滿足的人，會覺得這道牆保護了自己，讓人安心。
但對於想追求更大更多滿足的人而言，則是將自己關起來的柵欄。
每一個人各自將自己的幸福放在不同的地方，就會看到相異的景色。

但是，SORAI一方面追求國家的穩定，
一方面也積極鋪設鼓勵人民向上發展的道路。
雖然規定很多，在自己的夢想前方有著非常多的關卡，
但那些都是可以跨越得過的。
喔耶！
來吧！久違的波爾多現場演唱會！
最近我在想，SORAI是不是也偷偷在期待著，
我們展現出人類的意志呢？
嗚嗚嗚

接下來，就要發表全民公投的結果。
國民會選擇同意限制自由以追求微小的幸福與安定，
還是要更大的成功與自由的競爭呢？
創造能夠共生的社會
堀部士郎
好，結果已經出來了。
決定國家未來走向的瞬間終於來臨。
請看！YES與NO兩邊正激烈交戰！
YES
NO
那麼……

你選擇哪一邊？

政談

江戶幕府嚴禁公開的惡魔統治術

原著——荻生徂徠
作者——近藤 たかし
譯者——王淑儀
編輯總監——陳蕙慧
總編輯——郭昕詠
編輯——徐昉驊、陳柔君
行銷總監——李逸文
行銷經理——尹子麟
資深行銷
企劃主任——張元慧
排版——簡單瑛設

社長——郭重興
發行人兼
出版總監——曾大福
出版者——遠足文化事業股份有限公司
地址——231 新北市新店區民權路 108-2 號 9 樓
電話——(02)2218-1417
傳真——(02)2218-1142
E-mail——service@bookrep.com.tw
郵撥帳號——19504465
客服專線——0800-221-029
Facebook——https://www.facebook.com/WalkersCulturalNo.1
網址——http://www.bookrep.com.tw
法律顧問——華洋法律事務所 蘇文生律師
印製——呈靖彩藝有限公司

初版一刷 2019 年 8 月
Printed in Taiwan